自転車メンテナンスのプロ直伝

サイクル
メンテナンス
シリーズ

Cycle Maintenance series

MTB・クロスバイク
トラブルシューティング

はじめに

MTB & CROSSBIKE Trouble Shooting

　サイクルメンテナンスでは「サンデーメカニックスクール」を通して数々の一般ユーザーが自転車をメンテナンスする場面に接してきました。その時に気が付いた一般ユーザーの悩む所、引っかかるポイントに上手くマッチするようにこの本は作られています。

　ご覧になってお分かりの通りカラーの写真を大量に使用して解説していきます。各写真とも解説に極力マッチした物となるようつとめておりますので解説と写真とをよくご覧になってご利用ください。出来るだけ分かりやすいように、またフローチャートの通りに進めていけばトラブルシューティングが出来るようにつとめていますがトラブルは千差万別ですのでその場その時で適切にアレンジしてください。

　また、非常に細かな点まで述べていますのでくどく感じられる場合もあると思います。ご利用いただく個々のケースでは必要の無い情報まで混ざっている事もあるでしょう。不要な部分は一応目を通していただくだけで飛ばしてください。また、上手く行かない時に以前は不要と思っていた項目が役に立つ事もあると思います。

　本文中ほとんどMTBしか登場しませんがクロスバイクもメンテ方法に何ら違いはありません。

目次

contents

MTBとクロスバイクの違い ──── 4p

マシンのチェックの仕方と運用法
- クイックレバーの使い方、運用の仕方 ──── 8p
- ハンドル周りの固定 ──── 12p
- シートピラーの固定 ──── 14p
- チェーンのチェック方法 ──── 16p

日常トラブル
- パンク修理WO ──── 18p
- **コラム 低価格のサスペンションは百害あって一理 ──── 25p**
- 変速不良
  - トランスミッショントラブル ──── 26p
  - ディレーラーチューニングの前に ──── 31p
  - リアディレーラーチューニング ──── 32p
  - フロントディレーラーチューニング ──── 40p

日常トラブル
- アウターワイヤーへの注油 — 46p
- ブレーキの効きが悪い — 48p
- **コラム** オンロードマシンにする時の処方箋 — 54p

ガタを取る
- アヘッドヘッドパーツ — 56p
- フロントハブ — 62p
- リアハブ — 66p
- ボトムブラケット＆クランク — 70p

異音が出たら
- 異音に対する対処法 — 74p
  - ホイール
  - トランスミッション
  - パーツ同士の接合部
  - サスペンション
- BB周辺部からの異音 — 76p
- **コラム** リジットフォーク、グッドです。— 78p

消耗品のチェックと交換
- タイヤチューブ交換 WO — 80p
- ブレーキインナーワイヤー交換 — 88p
- **コラム** MTB黎明期の笑える（笑えない）お話 — 95p
- ブレーキアウターワイヤー交換 — 96p
- シフトワイヤー交換 — 104p
- ブレーキシュー交換 — 126p
- グリップ交換 — 138p
- チェーン交換 — 144p
- チェーンリング交換 — 152p
- スプロケット交換 — 156p

あとがき — 160p

MTBとクロスバイクの違い

　MTBは元々山道を走るために生まれたものですが、その後山に行く可能性が全くないユーザーからも支持されるようになりました。一方クロスバイクは定義としてはっきりした区別が無く、名称自体シティーパーパス、コンフォート、マルチなんとか等いろいろな呼ばれ方がしています。クロスバイクの事を現代版スポルティーフと表現するのもあながち間違っていないなぁなどと言ってしまうと・・・ますます収拾がつかなくなりますのでやめておきましょう。さらに近年フラットバーロードと呼ばれるロードレーサーにフラットバーを付けた車種も現れ、ますます素人目には何がなんやらな状態なのです。

　前置きはこのくらいとしてMTBとクロスバイクの違いは乱暴かつ単純に分けてしまうとホイールサイズの違いと言ってしまってかまわないでしょう。

　MTBは26インチ、クロスバイクは27インチ（700C）という事になります。クロスバイクの方が少々タイヤサイズが大きい事になります。

　2つめの分類法としてはブレーキの規格があります。MTB及びクロスバイクはVブレーキが主として使われ旧式な物ではカンチブレーキの物もあります。対してロードバイクはサイドプルブレーキが使われています。これも旧式な物ですとセンタープルやラージサイズも混じってきて話がややっこしくなります。

ロードレーサー　　　クロスバイク　　　MTB

3つ目の分類法としてトランスミッションの構成です。MTB＆クロスバイクのトランスミッションは同じと言っていいでしょう。というよりクロスバイクには主にMTB用パーツが付けられていると言った方が適当です。

面白い事にクロス用ホイールに細身のタイヤを付けるとMTBに付けることができます。タイヤ外径もほぼ同じになります。下の写真は左がノーマルの状態、右はデュラホイール、つまりロード用です。

並べてみるとほとんど外径が変わらない事が分かります。ただしリム径が異なりますのでリムでブレーキをかける事が出来ません。

それでもディスクブレーキであれば問題ありませんので前後ともディスクブレーキを使用しているマシンではオフロード用のタイヤをはかせた26インチホイールとオンロード用の細いタイヤをはかせた700Cホイール両方を一つのマシンで使う事が可能になります。

トランスミッションに話を戻しますとロードバイクは当然の事ながらロード用のトランスミッションが付いています。同様にフラットバーロードにもロード用のコンポが使われますがブレーキレバーがドロップ仕様と異なりますのでそこのところの互換性は気をつけなければいけません。さらに混乱する事にこれらの組み合わせが混ざっている物もあります。

例えば29インチMTBと呼ばれる物は700Cのリムを使ったMTBですのでこれとクロスバイクがどう違うのかというとスケルトンがとかフレーム強度がなどなどと分かったような分からないような話になってしまいます。一方ロードバイクも26インチがありますのでもう何が何やらです。

一般論としてお話しすれば…。

MTB
・主に26インチのホイールを持ったオフロード走行も可能なマシン。
・コンポはMTB用でエンド幅がフロント100mm、リア135mm。

クロスバイク
・700Cのホイールを持ったMTBとロードバイクの中間的なマシン。
・コンポは主にMTB用でエンド幅がフロント100mm、リア135mm、まれに130mm。

ロードバイク
・700C（又はチューブラー）のホイールを持ったオンロード専用マシン。
・コンポはロード用でエンド幅がフロント100mm、リア130mm。

フラットバーロード
・700C（又はチューブラー）のホイールを持ったオンロード専用マシン。
・コンポはロード用＋フラットバーロード用でエンド幅がフロント100mm、リア130mm。

となります。

今までのお話は主に規格の違いでしたが実際の使い勝手にどのような違いが有るかをご説明しましょう。

MTB

　山を走りにいくなら当然このバイクを選択する事になります。一般道での日常の足としても使えますが泥よけ、チェーンカバー、スタンド、カゴなどがシティーサイクルやママチャリから比べると使い勝手が悪いうえに多くの場合コスト高です。このところはなにもMTB側に責任が有るわけではありません。特定の使用目的のために作られたバイクに無理矢理別の用途を押し付けようとするところに無理が有るのです。近所の買い物にはそれ専用に開発されたシティーサイクルやママチャリが最高のパフォーマンスを発揮するのは当然の事です。

　MTBは車種もパーツの種類も豊富な上にタイヤサイズが比較的小さめですから小柄な方にもお勧めできます。

　ツーリング用のマシンベースにとお考えの方には体格の許す限りクロスの方をお勧めします。MTBはタイヤサイズが小さめです。ツーリングマシンにするという事はタイヤをオンロード用に変えるわけですから外周が小さくなってトータルのギア比や巡航速度を維持する上で不利になります。ただしツーリング仲間に26インチのMTBが多いなら同じ規格のマシンに合わせた方が何かと便利です。

クロスバイク

　何事も程々にこなせるのがクロスバイクです。ほどほどの速度を維持する事とタイヤチョイスと空気圧の調整で林道もある程度走ることができます。互換性の有るパーツもMTB用、ロード用を上手く組み合わせるとかなり広範囲に選ぶ事ができますのでその点でも面白いマシンと言えます。ただし、ホイールサイズが大きい上に太めのタイヤを収めるためにフレームサイズが全体的に大きめです。そのため小柄な体格の方には不適、その反対に大柄な方にとってはお勧めできます。実際に使ってみるとMTBのように林道をハイスピードで攻められるわけでもなく細いタイヤを履かせてもロードのような切れ味の良い走りもできませんので中途半端な感は有りますが一台であれもこれもやってみたい方には良い選択だと思います。

　ツーリング用のベースマシンとしてもタイヤサイズが大きい方が距離が稼げますので一考に値します。

ロードバイク

　オンロードでのみ使える単機能バイクですが制約が有る分オンロードでの走りは実に光る物が有ります。ただしタイヤサイズの選択肢はほとんど無く扱いもデリケート、タイヤ空気圧の設定が悪いと即座にトラブルにつながりますので常時管理する意気込みも必要です。

　ドロップハンドルとそれに付随するパーツは乗車中のポジションを多数選べる非常に優れた仕組みです。ドロップハンドルのロードとフラットバーのロードのどちらかにするか悩む必要は有りません。フラットバーロードの存在価値は単なるファッションとしてしかありません。実用性では確実にドロップハンドルに分が有ります。

フラットバーロード

　ロードバイクにフラットバーが付いているだけです。各パーツの互換性や相性を確認しておかないと思わぬ所に落とし穴が有る少々くせ者なバイクです。

　クロスバイクとどちらを選ぼうかと迷った上でフラットバーロードを選んだ方はタイヤを太くしたくてもほとんど出来ない事を認識しておきましょう。

> マシンのチェックの
> 仕方と運用法

- クイックレバーの使い方、運用の仕方 ── 8p
- ハンドル周りの固定 ── 12p
- シートピラーの固定 ── 14p
- チェーンのチェック方法 ── 16p

マシンのチェックの仕方と運用法

クイックレバーの使い方、運用の仕方

Navigation

1 レバーの角度　6 オフロードでの注意点
4 外しにくい場合　13 チェックの仕方
5 締め方

作業時間 **1**分

KEY WORD
●レバー角度にはきまり有り
●ホイールが正しく収まったか要確認

使用工具
・(タイヤレバー)
・(スプレー、グリス等のケミカル)

スポーツバイクでお約束なクイックレバーにも正しい使い方があります。正しい使い方をすれば確実にホイールを固定できるだけでなく脱着も容易です。しかし、間違った使い方をすればハブがずれてブレーキシューでタイヤサイドを傷つけてしまったりいざという時すんなりホイールが外れてくれなかったりします。一見適当でよさそうでも基本はきちんとおさえておきましょう。

レバーの正しい角度（フロント）　1

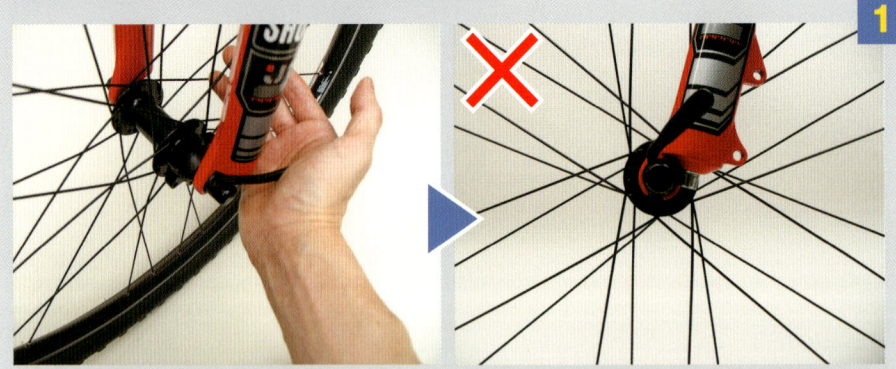

ロードバイクのように固定しようとすると、サスフォークのアウターレッグが邪魔になってレバーを締めることができない。

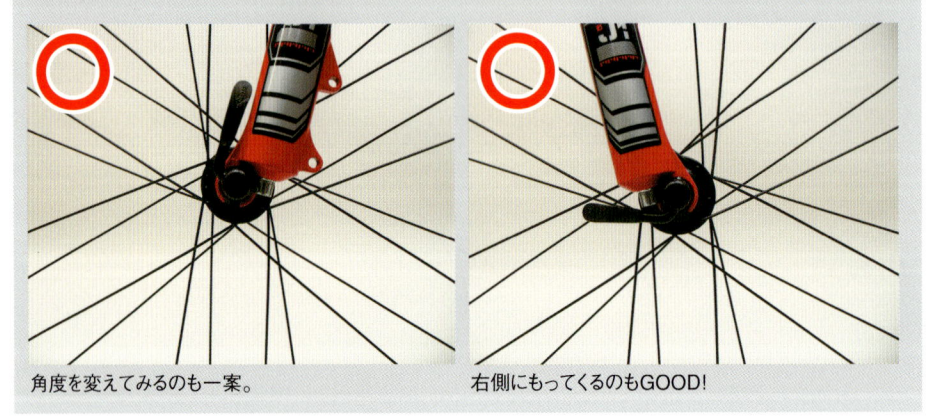

角度を変えてみるのも一案。

右側にもってくるのもGOOD!

8　クイックレバーの使い方、運用の仕方

レバーの正しい角度（リア）

2 このようにロードと同じ角度に締められる場合もある。

3 後ろにもってくるのもGOOD！MTBはロードとは異なり密集した集団で走るシーンは少ないので後続車両の前輪ではつられることはあまり無いだろう。

外しにくい場合

4 フレームにそわせてしまうと外す時に指が入らない。

そんな時はタイヤレバーでコジってやろう。

締め方

5 90°くらいひねったところで当たるようにすれば適当な締め付けができる。

○ よかったら手のひらを使ってグイッと締め付ける。

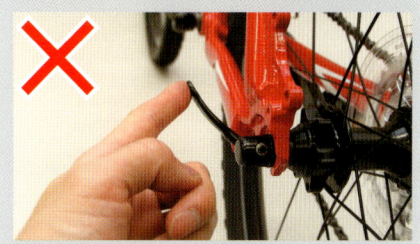

✕ 指一本で締めているようでは確実にトルク不足。走行中にホイールがずれたりしてブレーキの片効きや変速不良をひきおこす。

クイックレバーの使い方、運用の仕方

オフロードでの注意点

オンロードと異なりオフロード（特にシングルトラック）では飛び出している枝やツタのたぐいにも注意しなければいけない。特にスピードが出ている時には大変危険なのでレバーの運用方法一つにも気を抜かずに取り組んでほしい。

この角度ならオフロードで枝などと接触してもノープロブレム

レバーの角度によっては思わぬところでレバーがはずれてしまう。
フロントの場合脱落防止のための段差があるので即座にホイールがエンドから外れる事は無いが危険な状態である事には変わりない。

レバーは完全に締め切る事。
この状態でGOOD!

これでは締め切っていない。
最後まで締めておかないと･･･

枝などを引っ掛けて走行不能に

クイックレバーの使い方、運用の仕方

チェックの仕方

13
リアホイールで気を付けたいのはホイールが完全に入ったかどうか。ブレーキシュー付近、チェーンステーのBB近くの左右の隙間が等間隔かチェックしよう。

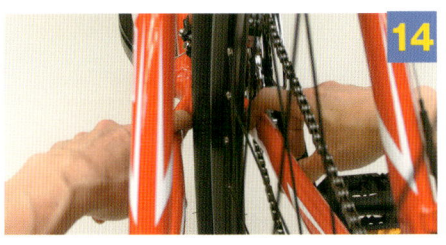

14
こんなふうに指をいれてみるとわかりやすい。

15
エンドのおさまり具合も普段から覚えておくとGOOD!ちょっとずれただけでもタイヤバーストをひきおこしたり、変速不良になる。

16
OK 完了
下からのぞき込んでブレーキシューとリムとの位置関係がおかしくなっていないかチェックする。

コラム

クイックレバーの
トラブルシューティング

雨天も走る場合や長年使ったクイックレバーはレバー内部のグリスが切れて動きが渋い場合がある。ベストなのは分解してオーバーホールだが構造的にできない、もしくはやりにくい場合には潤滑剤を流し込んでも十分効果有りだ。汚れている場合にはまずパーツクリーナーで汚れを吹き飛ばそう。入り組んだ構造なので速乾性の方がモアベター。速乾性の物がない場合にはクリーナー液が乾燥するなどして無くなるようにしてやらないとあとで流し込む潤滑剤の効果が半減する。
潤滑剤を流し込むならトルクに強いねっとりタイプが良い。スプレーグリスもGOOD!無ければ手持ちの潤滑剤でも良いが耐久性は期待できないので注油の頻度を上げて対処しよう。

クイックレバーの使い方、運用の仕方

マシンのチェックの仕方と運用法

ハンドル周りの固定

Navigation

1 フォークコラムとステムの固定
3 ブレーキブラケットの固定
5 ステムとハンドルバーとの固定

作業時間 **5** 分

KEY WORD
●大丈夫と思わず全項目を確認
●複数のボルトで固定している場合は均等に締め付ける

使用工具
・HEXレンチ　・(ヘリサート)
・(シム)

フォークコラムとステムの固定

1

2 NG 回る　OKの場合は **3**

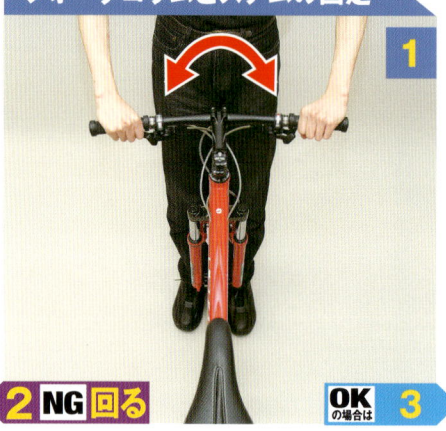

フロントホイールを股ではさんでハンドルバーをきる方向に力を入れる。

2

ステムクランプボルトを増し締めする。

ブレーキブラケットの固定

3

4 NG 動く　OKの場合は **5**

レバー類が固定されているか各部に力を入れてみる。

4

取り付けナットを増し締めする。

12　ハンドル周りの固定

ステムとハンドルバーとの固定

5

6 NG 動く　OK 完了

ブレーキブラケットに体重をかけてみよう。しっかり固定されていれば動かないはず。急ブレーキ時にハンドルバーが回ったのではシャレにならない。

6

7 NG 動く　OK 完了

ハンドルクランプボルトを締める。各ボルトを均等にしめること。

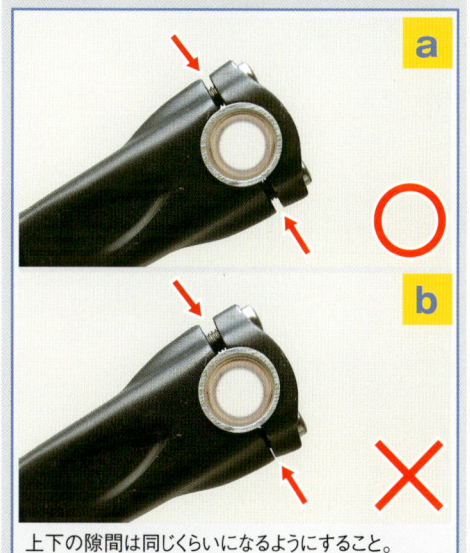

a ○

b ×

上下の隙間は同じくらいになるようにすること。

ボルト交換

9 NG　OK 完了

ボルトに異常あり

7

いったんボルトをすべて抜き、ボルトに曲がりやネジ山の異常が無いか確認する。

ボルトに異常なし

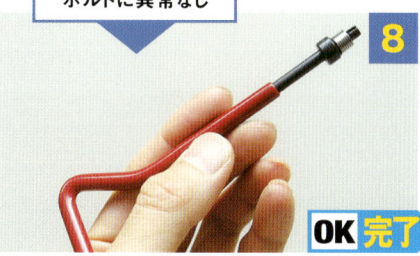

8

OK 完了

ステムの雌ネジがだめになっている場合もある。ヘリサートで修理可能だがヘリサート自体が高価なので高額なステムでなければステムごと交換した方が現実的。

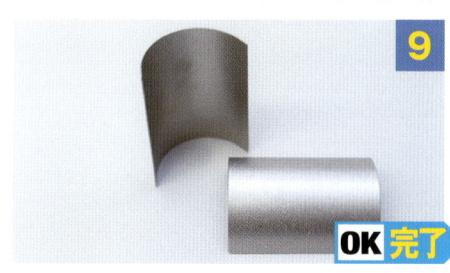

9

OK 完了

クランプ径の規格は間違えていないか確認する。上の写真はハンドルメーカーが販売しているシム。25.4mmのハンドルバーを26.0mmにすることができる。他の要因としてハンドルバーがカーボンだと割れていて締め付けができないことがある。

ハンドル周りの固定　13

マシンのチェックの仕方と運用法

シートピラーの固定

Navigation
1 チェックの仕方
7 必殺テクニックあれこれ

作業時間 **5** 分

KEY WORD
● 締めてもダメならテクで勝負
● カーボン製は要注意

使用工具
・HEXレンチ　・パーツクリーナー
・ウエス　　　・（滑り止め液）

チェックの仕方

1 OK 完了 / NG
シートチューブをまたいでフレームを挟み、サドルが回る方向に力を入れる。

2 OK 完了 / NG
シートクランプのクイックレバーをいったん起こしてナット（写真では左手でつまんでいる）の締め具合を調整する。

3 OK 完了 / NG
ピラーの素材はカーボンかそれ以外か?
| カーボンの場合 | ▶ | 4 |
| カーボン以外の場合 | ▶ | 5 |

4 OK 完了 / NG
シートピラー及びシートチューブ内をクリーニング&脱脂、その後再度取り付ける。

5 OK 完了 / NG
ボルトを抜いて曲がりやスレッドの不良が無いかチェックする。必要に応じてパーツの交換をする。レアケースだがシートクランプが歪んでいる場合もある。必要な作業後再度組み付け&確認をする。

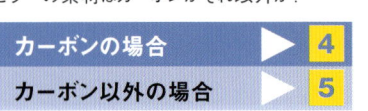

6 OK 完了 / NG
7
クイックレバーの可動部に抵抗があっても締め付けトルクが低下する。パーツ同士がこすれ合う部分に潤滑剤を吹いておこう。ベストなのはスプレーグリスだが無ければ他の品でもかまわない。

14　シートピラーの固定

必殺テクニックあれこれ

a

シートピラーは0.2mm刻みで規格が有る。何かの手違いで一つ細い規格のピラーが入っている可能性は無いだろうか？
ボルトを緩めてカタカタするようでは規格違いの可能性大。友人などが合いそうなピラーを付けいていたらピラーを借りて付け替えてみよう。

b

シートクランプを別物に変えると改善する場合もある。シートクランプは5mmか6mmのボルトを使っている物がほとんど。当然の事ながら固定する力は6mmのボルトを使っているタイプの方が強い。
ただしピラーがカーボンだと過剰なトルクは割れる可能性も増すので用心が必要だ。

c

カーボンピラーは割れるまでいかなくても変形してしまう場合も有る。
締め込んでいたらどこまでもボルトが入ってしまって・・・。

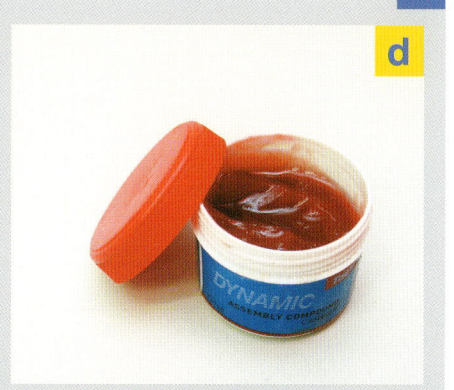

d

ケミカルが役に立つ場合もある。
特にカーボンパーツは樹脂が削れる可能性がある上に過剰なトルクをかけるわけにもいかないのでケミカルの使用は有効。
カーボンパーツ用として販売されている物も有るが各種滑り止めが販売されているので試してみていただきたい。ただし樹脂をいためるような成分が入っていないかどうかは確かめたいところ。

e

シートチューブ側の精度が悪い場合には削って真円を出した上でピラー径にぴったり合わせるしかない。プロショップにリーマー処理を依頼しよう。シートチューブの精度を上げるとともに径を広げて1サイズ太い規格のピラーにフィットするように仕上げる。

シートピラーの固定　**15**

マシンのチェックの仕方と運用法

チェーンのチェック方法

Navigation

1 走行距離の把握
2 チェック方法

作業時間
1 分

補足説明ページ
チェーン交換　　　P144
チェーンリング交換　P152

KEY WORD
●何となくは御法度
●多段化でチェーンは短命に

使用工具
・チェーンチェッカー
・ペンチ

1 チェーンの寿命はその使用環境によって大きく変わる。泥まじりのコースを走れば1000kmともたない時もあれば、きちんとメンテされた晴天用マシンだと5000km走ってもまだ使える時もある。それでもチェーンはタイヤと同じくらい代表的な消耗部品なので交換時期をきちんと把握しておこう。

2 チェーンをアウターギアに入れてペンチなどでチェーンを引っぱってみる。上の写真くらいならOK!下のようにチェーンリングの歯が先端近くまで見えるようなら交換。

3 このようなチェーンのチェッカーも市販されている。高価な品ではないので購入してみるのもいいだろう。ただし買っただけではいけない。継続して使い続けよう。

飯倉の一言

　チェーンがむき出しで運用されている自転車はオフロードに入れば当然の事ながら泥だらけになる。本来なら密閉された環境で運用した方が理にかなっている。これらのトランスミッションパーツが泥まみれになっているのは理想とはほど遠い状況なのだが現状ではこれしか選択肢は無い。
　このような環境下で最もマシな運用方法はきちんとしたクリーニングと適切なケミカルの使用を継続する事だ。具体的な事は弊社DVD「日常メンテのABC」に譲るとして車やバイクの様な感覚で定期的なオイル交換で事がすむような世界とは常識が異なる事を認識しておこう。

日常トラブル

- パンク修理
  - WO — 18p

コラム 低価格のサスペンションは百害あって一理 — 25p

- 変速不良
  - トランスミッショントラブル — 26p
  - ディレーラーチューニングの前に — 31p
  - リアディレーラーチューニング — 32p
  - フロントディレーラーチューニング — 40p
- アウターワイヤーへの注油 — 46p
- ブレーキの効きが悪い — 48p

コラム オンロードマシンにする時の処方箋 — 54p

日常トラブル

パンク修理 WO

Navigation

1 要因の確認	20 確認とリカバリー
4 チューブ以外の要因の確認	
5 パッチをはる	

作業時間 **20分**

補足説明ページ
タイヤチューブ交換　P80

KEY WORD
- 接着のこつは下地作りできまる
- ゴムのりはよくのばして乾かす

使用工具
- タイヤレバー
- ポンプ
- 軍手
- 紙やすり
- ゴムのり
- 水の入ったバケツ
- プラスチックハンマー
- パーツクリーナー

パンクはほとんど出先でおこります。そのためスポーツ車に乗る場合はスペアチューブ、タイヤレバー、携帯ポンプのパンク対策3種の神器を携行するのがお約束です。ツーリング派なら出先でパンク修理をするのも当たり前でしょうが、それ以外の方は現地ではとりあえずチューブ交換して走行を続け、帰宅してから、もしくは宿についてからゆっくりとパンク修理をするのが一般的です。出先でパンク修理する場合には手が洗えない、風などでホコリが舞う、清潔な作業スペースが確保できない落ち着かないなど不利な条件ばかりですのでできるだけ避けたいところです。

● タイヤチューブをホイルからはずす　P80

● チューブに空気を入れる
　▶ チューブがふくらんだ　**1**
　▶ チューブがふくらまない　**2**

要因の確認

1 a NG / OK の場合は **3**
耳を近づけ穴のあいた箇所を探す。

a NEXT **3**
水につけて気泡が出るところをさがす。穴の位置、個数をよく確認したらウエスでチューブの水を拭き取る。

● これでもパンク部分が見つからない

○ タイヤ、チューブともホイルに戻し、タイヤまたはリムの最高空気圧になるまで圧を上げて一晩様子を見る。これで抜けてなければ、なにかの勘違いだった可能性大。信頼性を重視した場合はチューブ交換。

○ 抜けた場合は穴が極めて小さかったか、圧が高い時のみバルブからもれている可能性大。ホイールごと水につける。面倒ならばっさりチューブを交換してしまう。

2

a ●指でポンプの口をふさいでポンピング

b ●圧力がかからない

- ●ポンプの故障
  - ・ポンプとホース取付不良
  - ・口金パッキン不良
- ●ポンプの使い方が間違っている
  - ・取扱説明書を良く読み直す
- ●ポンプを別の物と取り変えてみる
  - ・ピストンパッキン不良
  - ・ピストングリス切れ

c ●ふさいだ指に圧がかかる

チューブをバルブから半分の位置で折り畳んで空気を入れる。バルブよりならチューブはふくらみその反対ならふくらまない。この繰り返しで穴を見つける。

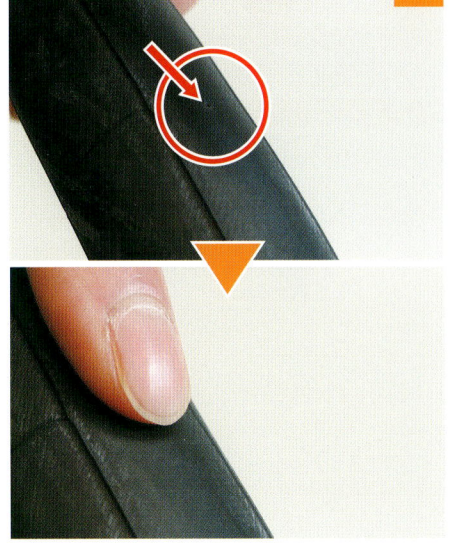

3

穴を指先でふさいで他にも穴が空いてないかチェックする。この作業までにだいぶ空気が抜けているはずなので必要に応じて空気をたすこと。

●**穴の種類**

a 一般的なピンホール。反対側に突き抜けている場合があるのでよく確認のこと。

b ガラス片で裂かれたりいたずらでカッターで裂かれる場合。タイヤ側も切られているはずなので要確認。

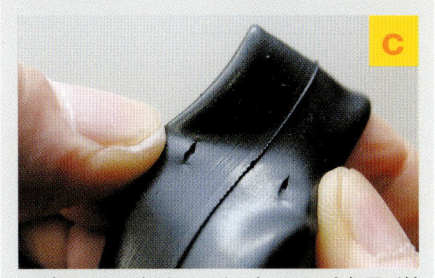

c リム打ちパンク（スネークバイト）。タイヤ空気圧が低すぎたり、段差に乗上げたりするとできる。リム側もいたんだ可能性があるのでリムもチェックしたい。

▶パンク修理　WO

チューブ以外の要因の確認

チューブの穴の位置からパンクの原因を推測する。チューブの外側に穴が空いていればタイヤをチェック。内側の場合はリム、リムフラップがトラブルの元だったことになる。

4

チューブの外側

a

b

チューブの内側

c

タイヤ内側をチェック。手の保護のために軍手をはめた方が良い。

d

大半はリムフラップのずれ、リムフラップの硬さ不足が原因。まれにリム接合部（バルブ口と正反対の位置）にバリがあってパンクする時がある。
リムフラップをチェックするとともにリム内側に異物がないか確認。

チューブの横側

横からいたずらで刺されるケースが多い。
他には稀だがカーカスの一部が飛び出ていて穴があく時がある。
リム、タイヤとも要チェック。

パッチをはる

5
パンク修理に油分は御法度。チューブはもちろん手も清潔であることが肝心だ。

6
先ずは穴周辺をヤスリで一皮剥いてやる。余裕を持ってパッチの2倍くらいの大きさは確保してほしい。

7
速乾性のパーツクリーナーを使用して脱脂する。作業を確実にするためにもぜひ行なってほしい。

8
パッチメーカーから専用のクリーナーも発売されている。低価格品のチューブには通常のパーツクリーナーより良好な性能を発揮したのを確認している。

9
清潔でケバ立たないウエスでサッとふいておけば完璧な接着面の出来上がりだ。清潔なウエスがなければティッシュでも可。パーツクリーナーが乾く前に手早く行なう事。乾いてしまったらもう触らない。

10
適度にゴムのりを付ける。付けたらさっさとキャップを着けてしまうこと。

11
付ける量はこのくらい。多くても少なくてもいけないが、どちらかといえば多い方がマシ。多い分には広げてしまえば良いが少なくてはパッチが付かない。

12
穴を中心に均一にのばす。
はじめはスイスイと指が動くはずだ。

パンク修理 WO 21

▶ パンク修理　WO

13 ポイント
のびきった所で指先が重くなる。この重くなる所までのばしきる事が肝心である。

14
適当な台が無い場合には膝を台の代わりにするといいだろう。

15
10分ほど乾かしたらパッチをはる。先ずは裏の銀紙を剥がす。この時決してパッチの接着面にはさわらないこと。

16
穴の位置を確認してゴムのりが塗られた面が確実にパッチより広い事もチェックする。万一パッチより狭いようならゴムのりを追加して面を広げる事。

17 トントン
ドライバーのグリップやプラスチックハンマーで圧力をかける。

18
適当な工具が無い時は、指でグッと圧をかけたりタイヤレバーでしごいてやってもよい。作業が適切に行われていれば圧をかけた直後から強度が出ている。これ以上乾かしたりする必要性は無い。

19 表面のシートをはがす。

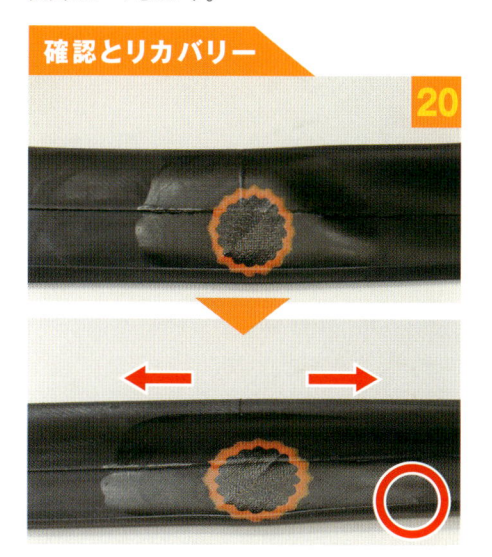

確認とリカバリー

20 グイっと引っ張ってみてチューブと一緒にパッチものびるようなら合格。

21 失敗していると、このようにはがれる。

NEXT 22

22 タイヤチューブをホイールにとりつける。（P80参照）圧を上げたらパンク修理した所に耳を近付けてみよう。音がまったくしなければ修理完了。

OK 完了

23 もっと完璧にチェックしたいのであれば空気を入れて水につけてみよう。

パンク修理　WO　23

▶パンク修理　WO

パッチが上手くつかなかった理由。

○接着面にゴミ、水分、油分等がのこっていた。　→完全に清掃、脱脂する。

○ゴムのりののばしかたが足りない。　→指が重くなるまでのばす。

○ゴムのりの乾かし方がたりない。　→きちんと時間をおいてからはる。

リカバリー

パッチを剥がして再度ヤスリからやりなおす。もしパッチが途中までしか剥がれなかったら、そのチューブは諦めて交換しよう。

一部の特殊なチューブではグルーレスタイプでないとパンク修理できない物がある。取説やメーカーのwebサイトで確認されたい。

なれてくるとこのようにパッチが重なるような状況でも対処できるようになる。

パンク修理後の諸注意

○修理が完璧にできたと思っても油断しないこと。もちろん走っても問題ないが24時間くらいは警戒が必要と考えよう。

グループでツーリングしている時は翌日早めに起きてスローパンクしていないか確認するくらいの用心深さを持ってほしい。

コラム　低価格車のサスペンションは百害あって一理

　マーケットリサーチの結果なのか4万円程度のMTBやクロスバイクにもフロントサスが付いています。場合によってはリアサスまで付いていますがこれはほぼ無駄なパーツです。

　この程度の予算のマシンで山に走りにいく人はまず居ないはずです。それでもメーカーがサスペンションを付けるのはサスが付いている方が高級という消費者の勝手な思い込みをメーカー側が汲み取ってのことです。

　消費者の声を聞いたと言えば聞こえが良いですが要は売れれば何でもありってことでしょう。言い方を変えればフロントがリジット（サスがついていない）では台数がさばけなくてメーカーとしては利益が出ないってことです。

　いくら安いサスフォークでもリジットフォークから比べれば高くつくのは当たり前です。ただでさえ少ない部品調達予算を本来必要性の無いサスフォークに食われれば当然そのしわ寄せは他のパーツに及びます。

　肝心要の回転部分（ハブ、BB、ヘッドパーツ）はもちろんトランスミッション周り（前後ディレーラー、変速レバー）、ブレーキ関係（Vブレーキ＆ブレーキレバー）すべてが低品質な物に置き換わってしまいます。

　もし同額の予算でサスフォークではなくリジットフォークにできればその分部品調達予算を肝心な部品に回せます。

　そもそも安い（購入価格4万円とか）のマシンに付いているサスフォークは3ヶ月もすればガタが出て一度雨が降れば内部は水がたまっているのが普通です。

　そのようなサスフォークがまともに機能をし続けるはずも無くましてやそんなマシンでサスが必要になるような山に走りにいくのは危険きわまりない行為です。

　どうにも使い物にならない品に予算を食われて基本がしっかりできていないとは実に情けないことです。

　一方全く役に立たないかと言えばそうでもありません。買った瞬間だけは満足感が得られるというメリットはあるでしょう。

　購入したばかりでまだサスが機能している時に歩道と車道の段差を乗り越えたその瞬間だけはサスペンションって良いよな。と思うでしょう。

　その後は急速にマシン全体がガタガタになっていくのですがサスに予算が食われて短期にマシンがダメになっていったと認識する消費者はまずいないと思います。

　いい加減危険を感じた消費者は自転車店に整備を頼みに行くのですがネガティブな対応をされてあきらめて次のマシンを買う事になります。

　それでも消費者はおおむね満足なのですからこれが現在の市場というものなのでしょう。実に残念です。

日常トラブル

トランスミッショントラブル
トラブルシューティング　フローチャート1

ペダルを正回転に回す → 回る場合 → チェーンの挙動が一定か → 一定

回らない ↓

リアホイールを回す

→ 回らない ↓

○リアブレーキシューがリムに当たっている。

○ハブシャフトがずれてタイヤがチェーンステーに当たっている。
　P8へ。
○作業スタンドがタイヤ又はホイールに干渉している。

一定ではない ↓

○接合した部分が回らない。
　P150へ。
○接合の失敗によりピンが浮いている。
　P149へ。
○アンプルピンの規格を間違えた。
　P151へ。

→ 回る ↓

○クランクが作業台等と干渉している。
○チェーンがトップギアとリアエンド間にはさまっている。
○チェーンがプーリーから落ちている。
○Fディレーラーでチェーンをはさみこんでる。

```
しない ▶ P30へ
```

異音の有無 ─無→ **特定のシフト動作の時にだけ異音がするか** ─する→

↓有

ペダルを逆回転に回した際の異音の有無 ─無→ **ホイールの振れ**

↓有 　　　　　　　　　　　　　　　　　　　↙有　　↘無

異音が発生している箇所をさがす

Ⓐ

リアディレーラー

- ○目視で異常な所をさがす。
- ○シフトワイヤーを軽く引っ張って音の変化で状況を判断する。
- ○チェーンの通し方を間違えて左プレートにチェーンが擦れている。**P147へ。**
- ○テンションプーリー（下のプーリー）を取り付ける際、向きを間違えている。

フロントディレーラー

- ○目視で異常な所をさがす。
- ○ディレーラーの取り付け位置を再確認。**P41 No.3へ。**
- ○シフトワイヤーを軽く引っ張って音の変化で状況を判断する。
- ○チェーンガイドプレートの曲がり。
- ○クランク位置によって音が出る場合。**P76へ。**

（有側）
- ○ホイールの振れをとる。
- ○とりあえずシフトチューニングを進める場合にはブレーキキャリパーを開く。

（無側）
- ○リアホイールに干渉しているものがある。
  - ・作業台
  - ・リフレクター
  - ・サイクルコンピューターのマグネット
  - ・Rブレーキシュー。**P48、P126へ。**
  - ・ハブシャフトがずれてタイヤがチェーンステーに当たっている。**P8へ。**

トランスミッショントラブル　27

日常トラブル

トランスミッショントラブル
トラブルシューティング　フローチャート2

| リアディレーラー | 異音の出るタイミング |

チェーンがトップギアにきている時
○トップ調整ボルトの調整不足。
　P33へ。
○ディレーラーハンガーの曲がり、精度不足。
　プロショップへ修整を依頼。
　P32へ。
○トップギアに規格の異なる物を使用した。
○スプロケットを組み付ける時に
　異物がはさまった。
　P146へ。
○フレームが古い品で最近の
　多段ギアに対応できていない。
○チェーンが長すぎる。
　P144へ。
○ロックリングの取り付けトルク不足。
　P158へ。
○スペーサーの入れる順番を間違えている。
　P158へ。

チェーンがローギアにきている時
○ロー調整ボルトの調整不足。
　P34へ。
・ディレーラーハンガーの曲がり、精度不足。
　プロショップへ修整を依頼。
　P32へ。
・ディレーラーの曲がり、精度不足。
　プロショップへ修整を依頼。
・Bテンションボルトがゆるみすぎている。
　P38へ。
・Bテンションが機能していない。
　P39へ。
・キャパシティをこえた組合わせをしている。
　P54、P159へ。

トップからローに行く時
○シフトワイヤーの張りが不足している。
　P37へ。
ローからトップへ行く時
○シフトワイヤーの張りが強すぎる。
　P37へ。

P27 Ⓐ も参照

リアディレーラーに問題あり
シフトチェンジしない又はしにくい。
○クイックシャフトの締め付けがあまく、リアハブがずれた。
　P8へ。
○リアハブにガタがある。
　P66へ。
○調整のツメがあまい。
　P32へ。
○プーリーの取り付けが間違っている。

○ディレーラーの取り付けトルクが不足している。

しばらく走ったら不良になった。
○シフトワイヤーの初期のびがとれていなかった。

○ディレーラーの取り付けトルクが不足している。

○シフトワイヤーの取り付けボルトのトルク不足
　でシフトワイヤーがずれた。

フロントディレーラー　異音の出るタイミング

アウターギアにある時
- トップ調整ボルトの調整不足。
  P42へ。
- シフトワイヤーが緩い。
  P43へ。

インナーギアにある時
- ロー調整ボルトの調整不足。
  P42へ。
- シフトワイヤーの張りすぎ。
  P41へ。

インナーからアウターに行く時
- ロー調整ボルトの調整不足。
  P42へ。
- シフトワイヤーの張りすぎ。
  P43へ。

ミドルギアにある時
- シフトワイヤーの調整不足。
  P43へ。
- 左右プレート間の隙間に対しチェーン幅が広い。
- 規格間違い　例：9S用のFディレーラーに8Sチェーンを通している。
- 各ギア歯数とディレーラーがマッチしていない。
- プレートの変形。マシンを倒した際に右プレートが内側に曲がる場合がまれにある。

P27 Ⓐ も参照

フロントディレーラーに問題あり
シフトチェンジしない又はしにくい。
- BB又はクランクの取り付け不良。
  P70へ。
- シフトチェンジする時にペダルに力を入れすぎている。
- チェーンリングの取り付けが間違っている。
  P152へ。
- フレームのBB付近にクラックが入ってフレームがよじれている。
- 調整のツメがあまい。
  P41へ。
- チェーンガイド固定ボルトが付いていない。

しばらく走ったら不良になった。
- シフトワイヤーの初期のびがとれていなかった。
- ディレーラーの取り付けトルク不足でずれた。
  P41へ。
- シフトワイヤーの取り付けボルトのトルク不足でシフトワイヤーがずれた。

トランスミッショントラブル

日常トラブル

トランスミッショントラブル
トラブルシューティング　フローチャート3

▶ シフトレバーの動き　→　軽い　→　すべてのギアをすべてのパターンでシフトしてみて挙動を確認する。　→　OK 完了

↓ 重い

フロント/リア両方とも重い
○ワイヤーに抵抗がある。
　P104へ。
○アウターワイヤー中の潤滑剤が切れている。
　P46へ。
○ケーブルガイドの潤滑剤が切れている。
○アウターワイヤーが長すぎ（短すぎ）る。
　P119、P120へ。
○パンタグラフの潤滑剤が切れている。
○パーツのグレードを下げると以前のものより動作が重くなるのでそう感じた。

リアのみ重い。
○シフトワイヤーの固定位置を間違えている。
　P124へ。
○シフトレバーが壊れている。
　シフトレバー交換。
○ロー付近で重い場合はBテンションボルトを締め付けてみる。
　P38へ。

フロントのみ重い。
○シフトワイヤーの固定位置を間違っている。
○シフトレバーが壊れている。
　シフトレバー交換。

ローからトップに行く際にレスポンスが悪い
○ワイヤーテンションが強すぎる。
　P37へ。
○シフトワイヤーに抵抗。
　P46、P104へ。

トップからローに行く際にレスポンスが悪い。
○ワイヤーテンションが緩い。
　P37へ。
○シフトレバーの操作（シフトレバーの押し）が弱い。

作業台上では問題無いのに実際走ると異音がする場合
　作業台から下し実際に走ってチェックする。登りでダンシングもしてみること。
　ダンシングした時だけチェーンリングとフロントディレーラーが干渉する時には干渉する側の調整ボルトを緩めること（P42参照）。
　他の可能性としてはリアのクイックシャフトの締め付けが甘くて走行中にホイールがずれたり（P8参照）スポークテンションが緩くてペダリングの度にホイールが歪んでどこかと干渉している場合が考えられる。
　ハブ内のベアリング等がダメになっているとキリキリと音がする場合がある。

ディレーラーチューニングの前に

リアディレーラー

　リアディレーラーチューニングが難しいと思っている人の典型的行動パターンは、調整すべき部分をそのタイミングではない時に無用にかき回している事です。さんざんいじった後に頭が混乱してギブアップするのです。

　その部分をいじると何がどう変わるか理解しないままむやみに動かすとチューニングがガタガタになってしまいます。ディレーラーのトップ、ロー各調整ボルトはトップの場合はディレーラーがトップにきていないと全く反応しません。ローに関しても同様です。

　ワイヤーテンションもトップにきている時に調整しようとしても反応しないのが正常です。

　リアディレーラーチューニングが苦手という人はまずは自己流をいっさい捨ててこの本にある通りに作業を進めてみてください。

　飛ばし飛ばしに見るのも御法度です。一部も逃さず実行すれば必ずベストチューニングに行き着けるはずです。ワイヤーを張りすぎたり緩めすぎたりするとシフト操作をしても一段ずれたところで合ってしまってトップやローに入らなくなってしまう場合が有ります。

　純正マニュアルをお持ちでしたら合わせてご覧ください。この本とはまた違った表現がされていますが最終的にはほぼ同様なチューニングができるはずです。

　チューニングは得意という人もさらっと見てみてください。普段自分が行っているチューニングとはひと味違ったチューニング法も出ていると思います。

フロントディレーラー

　フロントディレーラーチューニングが難しいのはリアディレーラーの影響を受けるからです。リアがトップよりかローよりかでフロントディレーラー付近のチェーンは水平方向に数ミリずれます。ですからフロントディレーラーのチューニング時にはリアディレーラーが今どこに入っていてそれがフロントディレーラーのチューニングにどう関係してくるかを認識しておく必要が有ります。チューニング時のチェーン位置はほとんどの場合インナーロー及びアウタートップです。つまりチェーンが一番フレームセンター寄りにきた時、及びその逆に一番離れた時の両方でチューニングを行うのです。

チェック事項

a	マシンを作業台にのせてリアホイール及びペダルが回せるようにしておくこと。		d	各パーツは清潔である事。汚れが元で動作不良を起こす事も考えられる。
b	リアホイールがきちっと定位置に納まっているか確認		e	シフトワイヤーに曲がり、ほつれがないこと。
c	自分でパーツを交換している場合には、各パーツの規格に間違いのないこと。		f	各パーツはぶつけたりしていないか。
			g	チェーン、プーリーはへたっていないか。

日常トラブル

リアディレーラーチューニング

Navigation

1 準備
3 トップ、ロー調整
6 アウターアジャストボルト調整
10 Bテンションボルト調整

作業時間 **15分**

補足説明ページ
フロントディレーラーチューニング　P 40
スプロケット交換　P 156

KEY WORD
●各調整する部分を個別に考える
●一つ一つ順に片付ける事

使用工具
・HEXレンチ
・プラスドライバー

MTBのリアディレーラはトップノーマルとローノーマルがあります。この場合のノーマルとはシフトワイヤーが緩んでいる時にトップ（小さいギア）ロー（大きいギア）どちらかにあるかを表しています。この項ではトップノーマルで説明していきますのでローノーマルのディレーラの場合はトップで行っている作業をローで、ローで行っている作業をトップで行ってください。

準備　1

リリースレバーを操作してシフトワイヤーが最も緩んだ状態にする。トップに入ったか？

2 NGの場合は　OKの場合は3

トップに入らない場合　2

a　ハンガー→

落車等によってリアディレーラーが内側に入り込んでないか目視で確認。多くはディレーラーではなくフレーム側のハンガーが曲がる。（写真参照）

NG　OKの場合はb

プロショップにフレーム修整を依頼しよう。

---

b

c NGの場合は　OKの場合は3

トップ調整ボルトを回すとプーリーが左右に動くか？（ペダルを回してみること）

c

d NGの場合は　OKの場合は3

シフトワイヤーが張り過ぎているはずなのでアウターアジャストボルトユニットを回してワイヤーをゆるめる。

d

NEXT 3

シフトワイヤーを外してペダルを回してみる。ハイ調整ボルトも十分にゆるんでいればトップよりにプーリーが動くはずである。これでもトップに入らないならパンタグラフ内に異物がないかチェック。それでもだめならリアディレーラー変換。

32　リアディレーラーチューニング

トップ調整ボルト調整

3

OKの場合は 4

トップギアの真下にガイドプーリーがくるようにトップ調整ボルトを調整する。目視で良いと思ったらペダルを回してみること。

NEXT PAGE

a ✕

チェックポイントは2ケ所、2ndギアとチェーンとのすきま①。R/D右プレート上部とチェーン②。上はトップ調整ボルトをしめすぎた例、2ndギアとチェーンが当たって異音がするはず。

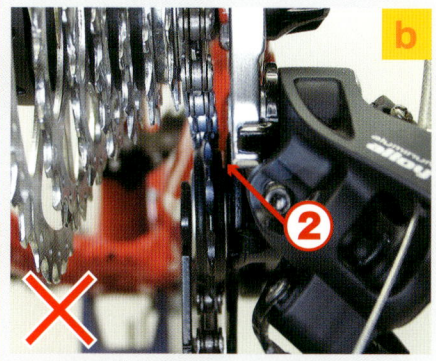

b ✕

これはゆるすぎ、②が広い。
チェーンが外側におちそうになって異音がするはず。

c ○

これで適当。トップギアとガイドプーリーが一直線に並んでいる。下写真は拡大したもの。

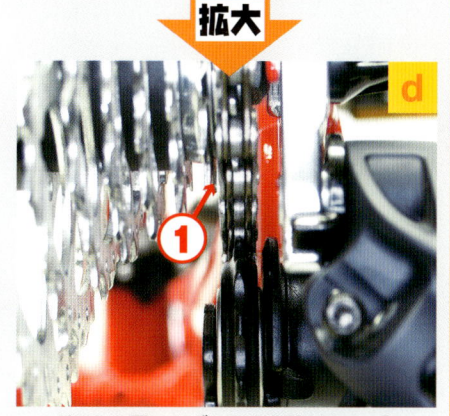

拡大

d

2ndギアとの間にわずかにすき間がある。①

リアディレーラーチューニング **33**

▶リアディレーラーチューニング

ロー調整ボルトによる調整

4 ペダルを正方向に回しながらパンタグラフを押してチェーンをローギアに入れる。ローギアに入ったか？

OKの場合は **5**

5 ロー調整ボルトが調整できたらパンタグラフにそえた手をはなしペダルを回してチェーンをトップギアにもどす。

NG

a ストロークアジャストボルトのL（ロー）側を回してガイドプーリーがローギアの真下にくるように調節する。（パンタグラフは押し続けること）

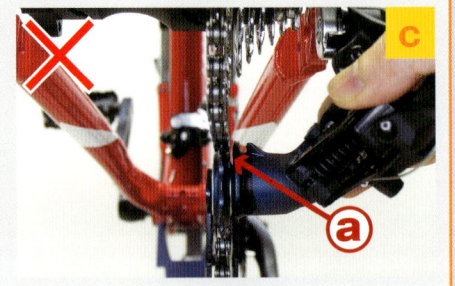

c 右プレートとチェーンのすき間 ⓐ をチェック。これはロー調整ボルトをしめすぎた例。すき間が開き過ぎ&ローギアよりガイドプーリーがあきらかに右にきている。

b これで適当。トップギアとガイドプーリーが一直線に並んでいる。チェックポイントはガイドプーリーの左右の金属部分のでっぱりぐあいⓑ。写真のように左側がでっぱる（ガイドプーリーが右にずれている）時にスプロケとプーリーが一直線になっていること。

d ロー調整ボルトをゆるめすぎるとこのようになる。この写真では、右プレートでチェーンを押し続けることになる。スポーク側にチェーンが落ちる可能性大だ。

34　リアディレーラーチューニング

アウターアジャストボルトによる調整

6

調整方法 NEXT PAGE

OK の場合は 7

シフトレバーを操作して3ndに入れてみる（何段目でもよいがとにかくトップ、ロー以外で自分が何段目に入れたか認識できる所）。もちろんクランクは回す事。

a

ワイヤーの張りが足りずに2nd止りになった状態、ペダルを回しながら調整ボルトを反時計方向に2〜3回転してやろう3ndに入るはずだ。

b

3ndに入ったが、まだワイヤーの張りが足りない状態。ペダルを回すとカリカリと異音がする。

c

ワイヤーを張りすぎると、4thギアと当たってしまう。この状態から調整ボルトを半回転から1回転時計方向（ワイヤーをゆるめる方向）に回せばいいはずだ。

リアディレーラーチューニング 35

▶リアディレーラーチューニング

アウターアジャストボルトによる調整

7 → 拡大 → **a**

3rdギアの真下にガイドプーリーがきている。ガイドプーリーの金属部分が左右対象になっているのもチェック。

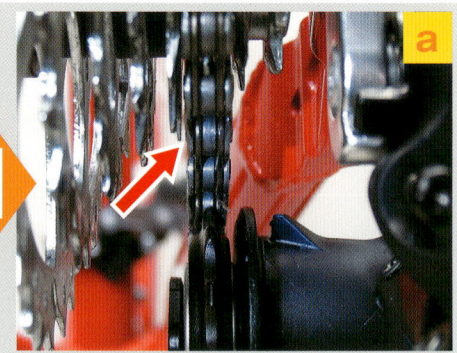

チェーンと4thギアの間の微妙な隙間がキモ。ここが少しでも当たると異音がする。

調整方法（ローノーマルは逆になります。）

8 SRAM / シマノ **a**

プーリーを右に動かすには調整ボルトを時計回しに回す。シフトワイヤーがゆるみプーリーが右回りに動く。

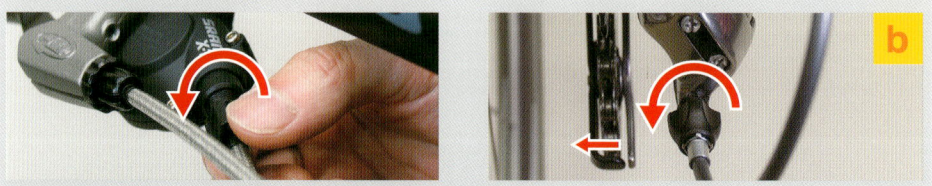

b

プーリーを左に動かすには調整ボルトを反時計回しに回す。これでシフトワイヤーを引っぱることになりプーリーが左に動く。

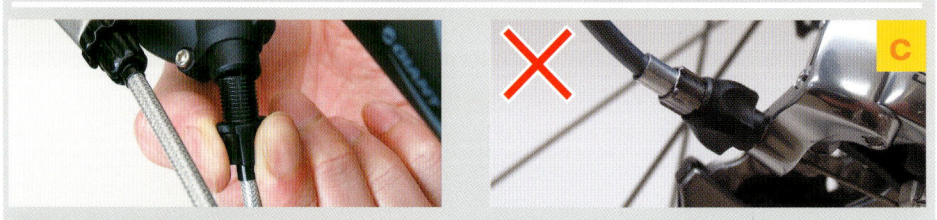

c ✕

調整ボルトだけで無限に調整できるわけではない。これは調整ボルトが出過ぎた例。いったん調整ボルトをしめてワイヤーを張り直そう。

再度各段に入れてみて動きを確認。
よければ作業終了。

NEXT PAGE

NG

シフトダウン時 a

シフトダウン時(トップからローへ)にレスポンスが悪い(ワイヤーが緩い):調整ボルトを反時計方向に半回転から1回転回してみる。

シフトアップ時 b

シフトアップ時(ローからトップへ)にレスポンスが悪い。
①ワイヤーの張り過ぎ:調整ボルトを時計方向に半回転から1回転してみる。
②シフトワイヤーがまがったりアウターがまがったり又は潤滑剤が切れて抵抗がある時にもこのような挙動になる場合がある。

ありがちな間違い！

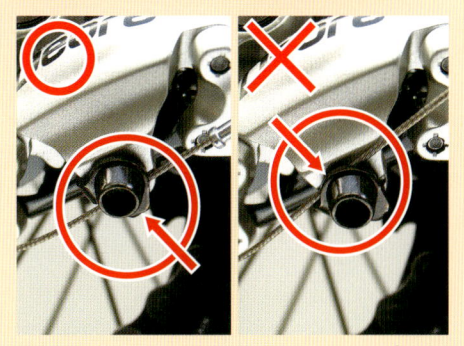

シフトワイヤーチューニングを行なったがトップよりでは良好だがロー側でチューニングが合わない時
①シフトワイヤーがリアディレーラーの所定のミゾに通っていない。(写真参照およびP124・P125)

②スプロケのロックリングが閉まってないで各スプロケ間にガタがある。(写真参照)
③シフトレバーの不良

リアディレーラーチューニング

▶リアディレーラーチューニング

Bテンションボルト調整

10

OKの場合は **11**

左右のシフトレバーを操作してインナーローの状態にする。この時ペダルを逆回しにして、リアディレーラーとガイドプーリーとの間隔を調整するために、Bテンションボルトを使用する。ローギアとプーリーが干渉していないか？

11

OKの場合は **12**

ローとその隣のギアとの間をいききさせ、ストレスなくシフトするか確認。問題ない範囲内でBテンションボルトはできるだけゆるめた方がシフトレスポンスはいい。

NG

a

Bテンションボルトをしめる。
徐々にスプロケとプーリーがはなれていくはずである。他の調整ボルトのように微妙なものではないのでグイグイ回すこと。

b 狭い

Bテンションボルトが一番ゆるんだ状態
スプロケットとガイドプーリーがもっとも近付く。ローが小さい（ロード用スプロケを入れたとか）の場合には、まず間違いなくこのようにもっともゆるめた方がよい。その他でもできるだけBテンションボルトがゆるい方がシフトレスポンスは良くなる。

c 広い

Bテンションボルトをもっとも締めた状態
スプロケットとガイドプーリーとの間が広くあく。写真のようではあきらかに締めすぎ。

Bテンションボルトで調整出来なかったら

a

Bテンション部がスイスイ動くか確認しよう。動きが良好で長年使ったディレーラーならスプリングがへたっている可能性がある。シマノ製なら補修パーツの入手も簡単だ。
バネの交換も機会をみてご紹介する。ちなみにシマノのスモールパーツの名称はそのままズバリ「Bテンションスプリング」。

b

落車などでR/DをヒットするとBテンションの動きに影響が出る時がある。Bテンション部をバラしてヤスリで整形もできるがR/Dごと交換が現実的だろう。

最終チェック

12

OK 完了

再度各段に入れてみて動きを確認。
よければ作業終了。

コラム

考え方の異なるシマノとSRAMの"B"

両者は一見同じような構造を持っているようだが内部構造は異なっている。

シマノは内部にコイルバネを内蔵しているのに対してSRAMはスプリングなど無いただの筒状の構造だ。これは設計思想の違いからこのようになったのであってどちらか優れているかは一概に言えないだろう。

シマノの場合スプリングを使用することによってスプロケットとガイドプーリー間を常時適切な位置関係に保とうとしている。特にフロントを変速した際にもプーリーの追従が良い。

対してSRAMはスプリング無しで半固定状態にする事によってチェーンのばたつきを最小限にする事を優先した設計になっている。

シマノ

SRAM

リアディレーラーチューニング **39**

日常トラブル

フロントディレーラーチューニング

Navigation

1 準備
9 ワイヤーの張りの調整
4 ロー調整ボルト
7 トップ調整ボルト

作業時間 **15**分

補足説明ページ
リアディレーラーチューニング　P32

KEY WORD
● 取り付け時の角度および、高さがキモ
● チューニングはリアディレーラーとの連携で

使用工具
・HEXレンチ
・プラスドライバー

　大前提としてチェーンホイールを組み直した場合に取り付けが不適切だと各ギアが所定の位置に収まらない。このような状態からフロントディレーラーのチューニングを行っても全く意味がない。
　チェーンホイールをいじった後にフロントディレーラーのチューニングができなくなったりパーツ交換を行った後など確信がもてない場合にはチェーンラインの測定を行うのがいいだろう。
　特にテーパータイプのBBを使用している場合はフィキシングボルトの締め付けトルクが足りないだけでチェーンラインがずれてしまう。
　驚く事なかれ、メーカーの完成車でも規格が間違ったパーツの組み合わせで販売している物も有るのでこうなるといくらチューニングしてもまともな動きは期待できない。

準備 [1]

2 NG の場合は　　　OK の場合は 3

シフトレバーを操作してインナーローに入れる。

インナーに入らない場合 [2][a]

b NG の場合は　　　OK の場合は 3

ロー調整ボルトをゆるめるとプレートが動くか？
動く場合にはボルトをゆるめてプレートを内側にいれていけばチェーンがローに入るはず。

ワイヤーが張っているか確認する。ピンと張っているならアウターストッパー部の調整ボルト（写真）で緩める。それも不可ならディレーラーのケーブル固定ボルトを緩めてワイヤーを少したるませる。

各部とも間違っていないならパーツの組み合わせが間違っている事が考えられる。
BBシャフトが正規の物より短い、チェーンホイールとディレーラーの規格が合っていない、スペーサーの入れ間違え等が考えられる。

ロー調整ボルト及びワイヤーの張りが適当ならばインナー時にワイヤーが多少たるむのが正常。
ピンと張っているようなら調整ボルトでワイヤーを緩めよう。

取り付けの確認

ポイント
角度
高さ

マニュアルを良く読みプレートの角度、高さ共にチェックする。両者とも厳密に行わないとチューニングが合わない。高さは一番高い歯先を基準に行うこと。

フロントディレーラーチューニング　41

▶ フロントディレーラーチューニング

ロー調整ボルト調整

4

0.5mm

ロー調整ボルトを回して左プレートとチェーンのピンが0.5mm程度のすき間になるようにチューニングする。

5

6 NG の場合は **OK 7 の場合は**

リアをトップに入れてからフロントのシフトレバーを操作してアウターに変速してみる。
シフトレバーの操作だけでなくワイヤーを手で引っ張ってみること。アウターに変速したか？

6

トップ調整ボルトを緩める。徐々にゆるめつつ変速するかチェックすること。

トップ調整ボルト調整

7

シフトワイヤーを引っぱりながら、トップ調整ボルトの微調整を行なう。

0.5mm

右プレートとチェーンのピン間が0.5mmのすき間に。剛性が足りないフレームではもう少々開けた方がいい。

8

トップ調整ボルトが調整できない場合に考えられる要因

BBシャフトが長過ぎる又はフィキシングボルトのトルク不足。ホローテック2の場合はスペーサーの入れ間違え、キャップのトルク不足。
ディレーラーの取り付け位置が低いとアウターギアとディレーラーのプレートが干渉する場合も有る。

シフトワイヤーの張りの調整

　MTBを含めフロントトリプルのトランスミッションではフロントのシフトワイヤーの張りの調整はミドルギアに入れて行うのが原則である。
　フロントがミドルに入っている時にリアがトップからローのどの段にチェーンが入っていてもフロントディレーラーの左右のプレートともチェーンと干渉しないようにワイヤーテンションを調整する。

9

10 NGの場合は **OK 11 の場合は**

リアをトップもしくはローに入っている状態からチューニングを始める。ペダルを回しながらフロントのシフトレバーを操作してレバー側をミドルのポジションにする。チェーンはミドルギアに乗ったか？

10

シフトワイヤーがより引かれる方向にシフトレバーを操作してチェーンをミドルギアに乗せる。
その後ペダルを回さずにシフトレバーをミドルに入れる。

11

アウターアジャストボルトを調整してディレーラーの位置を調整する。

リアがトップの場合は右プレートとチェーンが接触しないようにシフトワイヤーの張りを調整する。

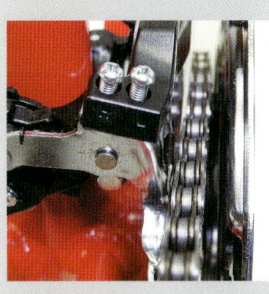

同様にリアがローの場合は左プレートとチェーンが接触しないように。

フロントディレーラーチューニング　43

▶フロントディレーラーチューニング

フロントディレーラーの調整はチェーンがスプロケットのどの位置に有るかを認識しながらチューニングをしないと、とんちんかんな事になってしまう。
以下、正確にチューニングされたトランスミッションの関係を列記するので参照されたい。
実際のチューニングではこのように前後のディレーラーを操作して格段どの組み合わせになっても問題なく動作するようにチューニングを行う。

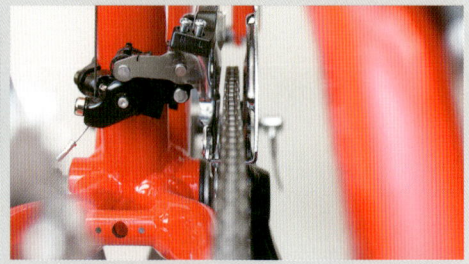

12

フロントミドル、リア3rd。このマシンではこの位置がチェーンライン（ちなみに50mm）となる。つまりこの状態でフレームセンターとチェーンが50mmの間隔で平行になっている。
チェーンラインはパーツやフレームによって異なる。知らなければいけない数字ではないがもし厳密に知りたければパーツの規格を詳しく調べたり実際のフレームセンターからミドルギアまでの距離を測定する事が必要になる。この時、正常にチューニングができていればフロントディレーラーのプレートのほぼ中央にチェーンが来ているはず。

13

フロントミドル、リアトップ。

14

フロントミドル、リアロー。

15 フロントインナー、リアトップ。実際の運用ではチェーンがよじれるので行うのは良くないが一応動作確認をしておく。

16 フロントインナー、リアロー。この時のチェックポイントはBテンションボルト（P38参照）とフロントディレーラーのロー調整ボルトの微調整だ。ロー調整ボルトの微調整はリアがローの状態でフロントディレーラーをインナーミドル間で行き来させて動作確認をする。
この時、ミドルからインナーに落ちにくい際にはフロントディレーラーのロー調整ボルトを若干緩める。

17 フロントアウター、リアトップ。チェーンが最も外側に来ている状態。作業台上では問題なくても実際に走行した場合にはフレームのしなりでチェーンとフロントディレーラーの右プレートが接触する可能性があるのでこれもチェックポイントの一つと認識してほしい。

18 フロントアウター、リアロー。実際の運用ではチェーンがよじれるので行うのは良くないが一応動作確認をしておく。かすかに異音がする場合があるがラインが斜めになっているので無理もない。

OK 完了

フロントディレーラーチューニング　　**45**

日常トラブル

アウターワイヤーへの注油

Navigation

1 はずす
7 クリーニングと注油

作業時間
20分

KEY WORD　●アウターをはずせば注油はカンタン！

使用工具
・ケミカル

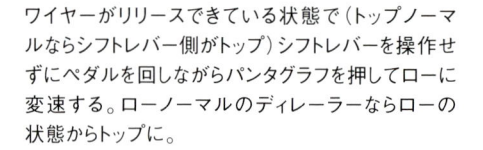

はずす

1

2
変速したらペダルを止めブレーキでホイールを止める。インナーワイヤーがこのようにたるむはずだ。

3
アウターワイヤーをアウター受けからはずす。

ワイヤーがリリースできている状態で（トップノーマルならシフトレバー側がトップ）シフトレバーを操作せずにペダルを回しながらパンタグラフを押してローに変速する。ローノーマルのディレーラーならローの状態からトップに。

46　アウターワイヤーへの注油

クリーニングと注油

4 今度はシフトレバーを使ってフロントをアウターに変速する。リアがトップ、もしくはローに変速するがかまわない。

5 ペダルを止めてフロントシフトレバーをリリースする。インナーワイヤーがたるんだのが分かる。

6 インナーワイヤーがたるんでアウター受けから一箇所でもアウターが外れればあとはボロボロとワイヤーを外していける。

7 とりあえず汚れを拭き取る。

8 アウターワイヤー内に異常がないか各アウターを確認する。もし異常があれば交換する等の対策を考えること。

9 アウターが自由に動かせるのでボトルタイプでも容易に注油可能になる。普段はアウター内に入っている部分のインナーにケミカルを付けてやれば良い。終わったら元に戻して完了。

アウターワイヤーへの注油 47

日常トラブル

ブレーキの効きが悪い

Navigation

- **1** チェック
- **12** ワイヤー調整
- **15** クリーニング・潤滑

作業時間 **20分**

補足説明ページ
- ブレーキインナーワイヤー交換　P 88
- ブレーキシュー交換　P 126

KEY WORD
- フリクションロスの軽減と消耗品の交換
- 安いブレーキキャリパーは制動力もそれなり

使用工具
- HEXレンチ
- 潤滑油
- パーツクリーナー
- ワイヤーインジェクター

悲しい事にブレーキのチューニングをきっちり行って出荷されるマシンは少数だ。その理由としてはきちんとチューニングしようとすると時間がかかってしまうからに他ならない。「時間がかかる＝人件費アップ」なのだからこのところは致し方ない事とあきらめてせっせと自分でベストセッティングにしよう。

さて、たいていの市販車（特に低価格車）はリターンスプリングを強めにセッティングしている。こうしておけば多少ワイヤーにフリクションロスがあったりキャリパーの動きが渋くても一応ブレーキは開閉するからだ。開閉しさえすればとりあえず初期のクレームは無いという計算だ。リターンスプリングが強すぎるとどのような弊害が有るかと言えばまずはブレーキレバーが重くなる。もちろん重いレバーではブレーキが効きにくい。また、常時ぎゅっと握って使う事になるのでワイヤーもブレーキレバーのピボットも寿命が短くなる。ヘビーユーザにとっては山に入って長い下りなど下ると後半には指が疲れてしまって危険でさえある。さらにブレーキレバーを強く握っていては走行中に万一リムに異常がおこっても指で瞬時にそれを判断できなくなってしまう。ブレーキレバーは指先とリムとをつなぐ重要なインタフェースでもあるのだ。

1

ブレーキレバーは手の大きさに合っているか？販売店が購入者の手の大きさに合わせてブレーキレバーの握り幅調整ボルトを調整してくれる事はまずなさそうだ。

フラットバータイプのブレーキレバーのほとんどは握り幅調整ボルトがある。初期状態は最もレバーが開いている状態なのでよっぽど手が大きい人でない限りある程度手前に寄せた方が良いはず。

自分の手の大きさや好みに応じて調整しよう。

2

3 NG ◀　**OK の場合は 7** ▶

そもそもブレーキキャリパーはスムーズに動いているだろうか？？ワイヤーリードユニットが外れている状態で指で押してみて動作を確認。古いマシンは台座がさびて動きが悪くなったりする場合がある。

3

5 NG ◀　**OK の場合は 4** ▶

取り付けボルトをはずしてブレーキキャリパーを外す。キャリパーは外れたか？

4

台座がさびているのかキャリパー側に異常があるのかを確認して問題を排除する。最も可能性が高いのは台座とキャリパーとの勘合部の錆び付き。キャリパー側をクリーニングするとともに台座のさびをヤスリで軽く取ってやろう。やりすぎるとガタが出るので程々に。

キャリパー自体の動きが悪くなっている場合もある。ばらせる物はばらしてグリスアップ。ばらせない、もしくはばらすとリカバリー不可と考えられる場合はゆるめの潤滑剤をしみ込ませて（写真）正常な動作状態を確保する。

　もし正常な動作状態がわからない場合はブレーキキャリパーは4カ所にあるのだからすべてのキャリパーを触ってみよう。4つとも動作不良をおこしている可能性は低いのでどれかは正常に動いてくれるだろう。

NEXT 6

5

ゆるめの潤滑剤を勘合部にしみ込ませて一晩寝かせる。

再挑戦して外れないようならマイナスドライバーでこじってみよう。フレーム、キャリパーとも傷がつく可能性があるが背に腹は代えられない。

NEXT 4

6

キャリパー側にグリスを塗って組み直す。台座側に塗っても良いがはみ出てホコリを呼ぶのでキャリパー側の方がモアベター。

ブレーキの効きが悪い　49

▶ ブレーキの効きが悪い

7
リターンスプリングを調整してみよう。これだけでブレーキレバーの引きが軽くなってよく効くブレーキに変身する場合がある。
　もちろん左右とも行う事、このボルトで左右のバランスを取ればセンター出しもできる。

リターンスプリングの固定位置を変えられる場合もある。上の穴を使えばバネが強く、下を使えば弱くなる。この穴の位置を変更するとブレーキシューの取り付け位置を再調整しなければ行けない場合があるので要確認。

8
ブレーキシューとリムの隙間を確認。MTBはタイヤが太いため上からブレーキシューを確認しようとしても困難。下からのぞき込んだほうがGOODだ。ブレーキシューとリムの隙間は一般的に1〜2mm程度が適当とされているがレバーを握った感覚も考慮しよう。

9
ワイヤーリードを外す。ワイヤーリードが外れない場合にはブレーキワイヤーを緩める必要がある場合もある。

10
キャリパーが開けば容易にシューの当たり面を確認できる。シューの減り具合を確認。

11
左から、新品のシュー、まだ使えるシュー、交換時期になったシュー。シュー交換はP126参照（実際の作業でチェックするだけなら取り外しは不要。）

注）シュー、リム間が開く原因には他に次のような事が考えられる。
・リムが削れてリム幅が狭くなった。
・ワイヤー交換後の初期伸び。
・ブレーキワイヤー固定ボルトのトルク不足。

ワイヤー調整

12 ケーブル調整ボルトを徐々に回してワイヤーを張っていく。ブレーキレバーも操作して適当な張り具合を見つける。レバーの遊び量は手の大きさやグリップの太さ個々人の好みによっても異なるので試行錯誤して適当な位置を見つけてほしい。

13 まずボルトで張りを決めてから・・・。

14 ナットで固定。レバーによってはナットが無い物も有る。ナットが有る物は必ずナットで固定する事。これを締め付けておかないと急ブレーキ時にボルトのスレッドが破損する場合が有り大変危険だ。

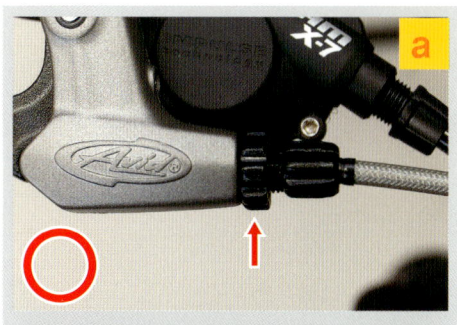

a ○ 正しい固定状態。この作業は指で締め込むだけで良いのでプライヤー等を使用しないこと。

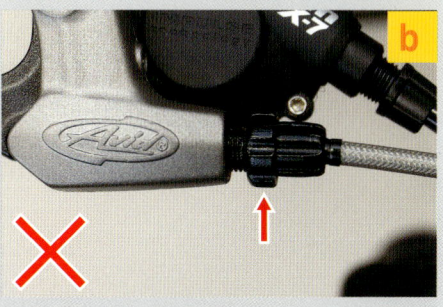

b × この状態で運用するのは危険。特に安価な完成車に付いているレバーでは急ブレーキ時にボルトがずれてしまい制動不能に陥る可能性がある。
逆に高級パーツにはこのナットが無い物が有るがこちらは強度がしっかり保たれているので問題ない。

c × ボルトを緩めすぎるとこのように外れてしまう。適度にボルトをねじ込んだ後にブレーキキャリパー側の取り付けボルトをいったん緩めてワイヤーを張り直そう。調整ボルトは強度を考えると少なくても5山ぐらいはネジ山をねじ込んでおきたい。

ブレーキの効きが悪い

▶ ブレーキの効きが悪い

クリーニング・潤滑

15
ホイールを外してシューに異常が無いかチェックする。寿命はもちろん、汚れや異物がささっていないかも確認する。

18 / **19 NG** / **OK 完了**
キャリパーが解放されている状態でレバーを操作してみる。ワイヤーに抵抗が無ければ極めて軽くワイヤーが行き来するはずである。

16
リム側をチェック。少しでも油分があるとブレーキの効きは極端に悪くなるので脱脂は確実に行う。リムに油分があった場合、シューにもついてしまっているだろうからシュー側のクリーニングも忘れずに行う。

19 / **20 NG** / **OK 完了**
ケミカル切れが考えられるのでワイヤーインジェクターでケミカルを注入する。必要の無い部分に付かないように気をつけること。付いてしまったらパーツクリーナーで拭き取る。

17
リムサイドのクリーニング用に砂消しのような品も販売されている。専用品なので安心して使用出来る。

20
アウターワイヤー内で異常があると思われるので思い切ってインナーワイヤーを変えてしまおう。(p88参照)この時引き抜いたインナーワイヤーの汚れ具合、サビ具合からアウターワイヤーの良否を推測する。インナーワイヤーが部分的にサビていたりしたらその部分に相当するアウターワイヤーにも異常がある可能性大。状況に応じてアウターワイヤーの交換もおこなう。

最終手段

最終手段その2

剛性の低いパーツを交換しよう。

根本的に剛性が低いパーツが混じっていると制動力は落ちてしまう。ブレーキキャリパーはもちろん。ブレーキレバーの剛性不足でも制動力は落ちてしまう。

また、アウターワイヤーの端末処理が悪くて悪影響が出る場合も有る。とにかく一箇所だけに注目するのではなくシステム全体として所定の性能が出ている事が肝心なのだ。例えばブレーキキャリパーだけやたらと高価な物をインストールしてもブレーキレバーが得体の知れない剛性不足の物が付いていてはブレーキキャリパーも本来の性能を出せない。

そんな事をするくらいなら中級グレードのブレーキレバーとブレーキキャリパーを的確にインストールした方がよほど性能のいいブレーキシステムを構築できる。

ブレーキブースターを付けると確実に台座剛性は上がる。

ブレーキブースターを装着することでフレームやフロントフォークのたわみを減少させるのも良いだろう。特に剛性が不足している物には効果的。

ダイレクトなブレーキタッチを好む場合にも有効な手だ。

また軽量なフロントフォークは軽量化のあまりフォーク自体の剛性が低いためにブレーキをかけるとアウターレッグが広がってしまう物が有る。本来アウターレッグとインナーレッグが平行になっていて初めてサスとして機能する物が歪んでいるのでは正常なサスとしての機能を果たしていない。このような場合でもブースターの活用を検討してみてはいかがだろう。

ブースターが無い場合に強くブレーキレバーをかけるとフレームは歪む

ブレーキをかける前

ブレーキをかけるとリムを挟む力を受けるために台座は左右に広がる。

ブレーキの効きが悪い

コラム　オンロードマシンにする時の処方箋

タイヤチューブ交換

一般に市販されているMTBは26×2.0くらい、クロスバイクは700×38Cくらいのタイヤが付いています。

オンロード専用ならMTBなら1.5程度（ママチャリより少し太いくらい）に変えるとルックスも走った印象も大幅に変わります。1.5より細い1.25にしてしまうと歩道と車道の間に有る段差を乗り越えるのに厳しくなります。どうしても1.25を付ける場合にはロードレーサーを乗る時のように運用に気をつけなければいけません。

クロスなら32Cくらいにしてみてはいかがでしょう。注意しなければいけないのはクロスのリムはロードレーサーと直径の規格は同じなんですがリムの幅が太めですのでロードレーサー用をそのまははめてしまうのはNGです。

タイヤが細くなればチューブもそれに合わせて変更します。元々付いていたチューブが英式（ママチャリと同じ）バルブならフレンチや、米式に変えるのが妥当です。

トランスミッションの変更
リアスプロケ交換

リアのスプロケをオンロード用に交換します。これは舗装路がオフロードに比べて路面状況の変化が少なく大幅にギア比を変えて運用する事が適当でないためです。

ワイドにギアを設定しようとするとどうしても各ギアの間隔は空いてしまいますのでオンロードでは使いにくいのです。

ここで問題なのがトップギアです。既存のマシンのトップギアは11Tが多いのですがオンロード用でトップ11Tはあまり種類がありません。12Tであれば選択肢が増えますがタイヤをオンロードに変えた事によるタイヤ外周径のダウンも響いてトップ寄りが物足りなくなります。

そこで下記のチェーンリングの交換も考えたくなるのです。

チェーンリング交換

チェーンリングの組み合わせでポピュラーなのは44-32-22Tです。これにリアのスプロケット11-34Tを組み合わせるのが一般的です。

しかしオンロードだけで運用する事になれば前記のタイヤ外周径の減少、スプロケのトップの歯数アップ（11から12へ）に付け加えて当初想定している路面（オフロード）と異なる状況によって走る速度も上がりますのでトランスミッション全体が整合性の無いもになってしまいます。

その状況を一気に解決するのがチェーンリングの交換です。現状で販売されている物では48-36-26Tが入手しやすいでしょう。これで最高ギア比が48/12、クランク一回転でホイールが4回転する事になります。さらにトップを11Tに出来れば4.36にまでギア比を上げることができます。

ポジションの変更

オンロードでのみ運用するとなると巡航速度が高くなります。それに付け加えてオフロードを走行する時の様に肘に余裕を持たせる必要も無くなりますのでハンドルバーの位置はやや前方に出した方が適切です。

デフォルトで付いているクランクが175mmの場合にはオンロードで回転重視のペダリングになった場合には170mmに変更した方が良い場合もあります。

いずれにせよある程度走り込んで自分の適切なポジションを探すしかありません。

ガタを取る

- アヘッドヘッドパーツ — 56p
- フロントハブ — 62p
- リアハブ — 66p
- ボトムブラケット＆クランク — 70p

ガタの取り方

アヘッド

Navigation

1 チェックの仕方	15 コラムとの面をチェック
7 ガタの取り方	16 アンカープラグをチェック
11 ガタがとれない時は	

作業時間 **20**分

補足説明ページ
ハンドル周りの固定　P12

KEY WORD
- アヘッドの構造を理解しよう
- キャップボルトは本締めしない

使用工具
・HEXレンチ
（スターナットセッター）

チェックの仕方

1
フロントブレーキをかけて前後に揺すってみる。サスやハブ、ブレーキキャリパーの可能性もあるので要注意。

2
分かりにくかったらハンドルを90°曲げ、ヘッドパーツに手をそえてハンドルを握った手（この写真では右手）でフレームを前後にゆする。ヘッドパーツにガタがあれば指で感じるはずだ。

3
フロントホイールを持ち上げてハンドルを左右に切ってみる。スムーズに回るか。引っ掛かる部分は無いかチェックする。

4
分かりにくいようならフロントホイールを外すと分りやすくなる。一番良いのはフォークとヘッドパーツだけにすることだが、それだと少々面倒だ。

5 もちろん目視でもチェックする。これは正常な状態。もちろん下側もチェックする。

6 ガタがあったりするとこのように不自然なすき間ができる。ヘッドパーツの種類によってはシールがはみ出たりする場合もある。

ガタの取り方

7 クランプボルトを緩める。2本締めのものは当然2本とも緩めること。

8 キャップボルトを締める。この時注意しなければならないのは、このボルトは普通のボルトのように本締めしてはいけないということ。写真のように、レンチの短い側で締め付けるくらい！

9 クランプボルトを元の状態になるように締め付ける。タイヤとステムがまっすぐになっているか確認しながら作業すること。

10 このステムの場合クランプボルトは2本あるので2本を徐々に、なおかつ均等に締め込む。締め込む強さは可能な範囲内で強めに。このボルトのトルクが足りないとヘッドパーツにガタが出たり走行中に操舵不能になる可能性さえ有る。

アヘッド 57

▶ アヘッド

ガタがとれない時は

11 キャップボルト及びトップキャップを外す。

12 トップキャップ / キャップボルト

13 ステムの面 / フォークコラム / スターファングルナット

これで正常な状態。チェックポイントは2つ。まず、フォークコラムがトップキャップと接触しないくらいにステムの面から下がっているか。次に、アンカープラグ、又はスターファングルナット（写真）がヘッドパーツにプレッシャーをかけられるような位置にしっかり固定されているか。

14 トップキャップには厚みがある。この厚みを計算に入れた上で各パーツの位置を決めなければならない。

コラムとの面をチェック

15

a ❌
フォークコラムがステムの面より上に出てきてしまっている。これではキャップボルトを締めてもヘッドパーツにプレッシャーをかけられないのでガタはとれない。

b ⭕
適当な厚みのスペーサーをかませてフォークコラムが沈むように。

c ⭕
もちろんステムが一番上でもコラムより上に来ていればOK!

> コラムはステムまたはスペーサーの最上部より2〜3mm下がっているようにしなければいけない。ステムがコラムの面近くにきているならスペーサーを追加してコラムが下がった状態になるようにしよう。また、下がりすぎてもコラムとステムが固定できなくなるので下がりすぎもNGだ!

アンカープラグの位置をチェック

16

a ❌
アンカープラグが上がりすぎている。これではキャップボルトをいくら締めてもヘッドパーツに圧をかけることが出来ない。アンカープラグをもっと下げよう。

b ❌
これは下げすぎの例。ここまで下がってしまうとキャップボルトが届かなくなってしまう。

c ⭕
キャップボルトが十分に届き、なおかつアンカープラグとトップキャップが接触しない位置にアンカープラグを固定する。しっかり固定しないとキャップボルトを締めている時に上がってきてしまうのでしっかり締めよう。一方、コラムがカーボンの場合には加減しないとコラム側が割れてしまう時がある。何ごとにもほどほどが肝心である。

アヘッド **59**

▶ アヘッド

シールの状態をチェック

17

可動部分の隙間をふさぐはずのダストシールが正常な回転を阻害している場合がある。
このようにシールがずれていればホコリや水が内部に入ってしまうだけでなくステアリングの動きも悪くなったりガタの発生の原因にもなる。

18

各ボルトを緩めてステムを若干持ち上げながら位置を正そう。このように正しい位置にシールが納まっているとステアリングをきっても真円を描いて回る。もし、シールがきつめでこすれて抵抗となっている場合にはシリコンスプレーを吹いてやると良い。

19 要因排除 NGの場合は

もちろん下側も確認。下側は泥や油で汚れがちなのでクリーニングをしてから確認作業となる。

20 OK 完了

しっくり収まった状態。ヘッドパーツは上側より下側の方がトラブルを起こす場合が多い。もしシールを変形させてしまったら交換するのがベスト。入手不可の場合はシールをはずして整形するか最悪シール無しで運用する事になる。

コラム　スターファングルナットとそのチェック

スターファングルナットは専用工具が無いと打ち込みが極めて困難なのでプロショップに依頼する事になる。なお、スターナットはコラムがカーボンの場合には打ち込み不可なのでそのつもりで。

回転が重い、もしくは不自然

21

パーツの不良以外で最も多いケースがアヘッドの構造、原理を理解しないままステム交換をしたり各ボルトをいじった事によるトラブル。
キャップボルトは玉当たり調整用だが一般的なボルトと同様に締め込んでしまうとハンドルバーが全く動かなくなる。

22

キャップボルト、クランプボルト共に緩める。
回転に変化が有るか確認する。

変化有り	▶	8
変化無し	▶	23

23

各ボルトを緩めステムをはずす。はずしたステアリング周りは写真の様にフレームに仮に固定したりアシストに持ってもらおう。

24

> 要因排除 **NG** の場合は

　手元変則にするとどうしてもヘッド周りにワイヤーが多数集中してしまう。各ワイヤーが適切にインストールされていれば良いが長過ぎたり短すぎたり他のワイヤーと干渉するような引き回しをしたりするとステアリングにまで影響してしまう。その他影響を及ぼすような要因が無いかチェック！

25

　ステムをはずしてフォークコラムをプラハンで軽くたたいてやろう。もちろん車体を持ち上げる等してフォークが浮いている状態でなければいけない。
　これでヘッドパーツ各部が緩むはず。加減しないとコラムが一気に抜ける場合が有るので用心されたい。
　ステム上部にスペーサーが有る場合にはステムはそのままでスペーサーだけ外しても作業できる。

26

OK 完了

　ヘッドパーツ内の構造は多数有るがシールドベアリングをテーパー状のパーツで受けるのが現在の主流。
　このマシンのヘッドパーツも金色のパーツがテーパー状になっていてベアリング（中に入っていてこの写真では見えない）のセンターを出すとともに固定を行っている。テーパー状になった物が圧をかけて固定されているので前項のようにプラハンで叩かないとなかなか外れないのだ。
　外したら各部に異常がないか確認。パーツの変形、異物の混入、サビの有無などなど。分かりにくかったらいっそコラムを抜いてしまうのも良いだろう。
　要因を排除できたら再度組み直す。

ガタの取り方

フロントハブ

Navigation

1 チェック
10 玉当たり調整

作業時間
10分

補足説明ページ
クイックレバーの運用の仕方　P 8
リアハブ　　　　　　　　　　P 66

KEY WORD
●玉当たりの感じはグレードによって異なる
●当たり微調整時のスパナの掛け方がキモ

使用工具
・ハブスパナ（13～15mmの場合が多い）

これからの説明はカップアンドコーンタイプハブの説明。シールドベアリングを使用したハブでガタが出た場合はそのハブの構造やトラブルの状況によってパーツの調整＆増締め等ですむ場合とベアリングの打ち直しになる場合がある。どちらも一定パターンで作業が進められるわけでもなくメーカー指定の特殊工具も必要なケースがあるので販売店で相談されたい。

なお、カップアンドコーンのハブとシールドベアリングのハブでは原理的にカップアンドコーンの方が優れている。耐久性、点検のしやすさ、メンテナンス性、どれをとってもカップアンドコーンの方が優位だ。シールドベアリングを使っている製品は冷間鍛造のノウハウや設備を持っていない、もしくはコストを考えると持ちたくないメーカー側の都合によるセカンドベストな製造法でありユーザーにはこれといってメリットの無い品だ。

特に近場で頼りになるショップがない場合には手を出さないのが懸命な判断だろう。

チェック

1
フロントホイールを持ち上げてリムを持って左右に力を入れてみる。ハブのわずかなガタもホイール外周部では大きなガタとなるので分かりやすい。

2
ホイールを外してハブシャフトの状態を確認する。クイックシャフトを外した方がより分かりやすい。

3

ロックナットをつまんで回してみる。ガタの有無はすぐに判断がつくが玉当たりが適切かどうかは正常な玉当たりを知っていないと判断のしようがない。同等のグレードの正常なハブがあったらぜひとも触っておこう。正常な状態では高級グレードの物はヌルリとした感じが、普及品は安い物ほどゴリゴリした感じがある。

これは間違った確認の仕方。ダストシールをつまむ事によって変形し、シールの抵抗がでてしまう。

4

ダストシールを取ってしまうのも解決の近道かもしれない。シールの内部形状はさまざまなので手の感触で適当な角度、強さで力を入れないとシール自体をいためてしまう。

5

玉押し
ロックナット

シールを取るとロックナットと玉押しが見える。

6

まず間違いなくロックナットも玉押しもグリスや泥で汚れているのでクリーニングしてから作業する事。このようにウエスを当ててやれば簡単にきれいになる。

7

これでロックナットと玉押しがはっきり見えるようになった。この場合には玉押しに13mm、ロックリングに17mmのスパナが合う。

フロントハブ　**63**

▶ フロントハブ

8 左右のロックナットをつかんで緩んでいないか確認する。

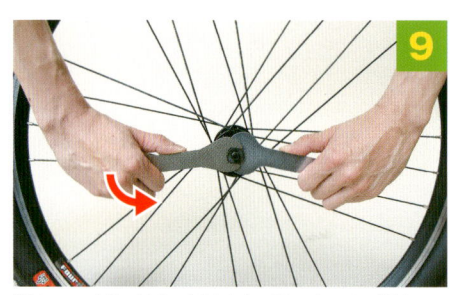

9 緩んでいる側があればそちらを、そうでなければどちらか一方を緩める。まず玉押しをハブスパナ（写真右）で固定しロックナットを緩む方向に回す。

玉当たり調整

10 緩めた（緩んでいた）側の玉押しのみをハブスパナで抑えて反対側のロックナットを手で締め付ける。玉たりの調整をしているのだからカー杯締める必要は無い。玉押しとベアリングが当たったところで良しとする。

11 玉押し同様、ロックナットも手で締め付ける。

12 緩んでいない側のロックナットを回して当たりの感じを一応確認してみよう。ガタは無いか、締めすぎてはいないか。

13 緩めた側の玉押しとロックナットを程々に締め込み、玉当たりを確認（スパナの持ち方に注意、短く持って低トルクで）。

ゆるい場合	▶ 14
きつい場合	▶ 15

ゆるい場合

左右のロックナット（外側のパーツ）同士にスパナを当てて締める方向に15°くらいずつ回しながら適当な当たりがでるところを探す。

きつい場合

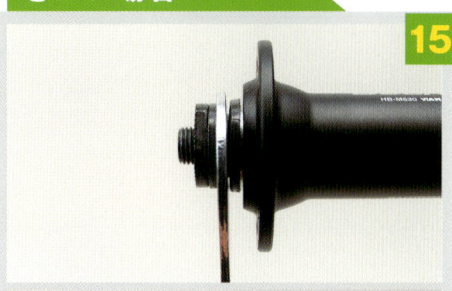

左右の玉押し（内側のパーツ）同士にスパナを当てて緩める方向に15°くらいずつ回しながら適当な当たりがでるところを探す。

本締め

玉押しとロックナットを本締めする（スパナの持ち方に注目、長くもってしっかりトルクをかける）。一応当たりを確認し納得がいかなかったらもう一度緩めてやり直す。

フロントハブ

ガタの取り方

リアハブ

Navigation

1. チェック
10. 玉当たり調整

作業時間 **10分**

補足説明ページ
フロントハブ　　　　P62
スプロケット交換　　P156

KEY WORD
- 正常な玉当たりを知ること。
- フリー側のとも締めは確実に。

使用工具
ハブスパナ（15～17mmの場合が多い）
（メガネレンチ）

チェック

前項のフロントハブ同様チェックをおこなってガタが有るようなら玉当たり調整を行う。
リアハブはフロントと比較してシャフトもベアリングも大きいので相対的にシャフトの回転は多少重くなる。

1
ロックリングを外してスプロケットを抜く。
P156 スプロケット交換参照

2
フロント同様ダストシールを外す。リアハブの右側にはフリーボディーがあるのでダストシールは左側にしかない場合が多い。
また、カセット化されたハブでは右側の玉押しがフリーボディー内に入ってしまっている。作業は左側からしかできないので何はともあれ左側から手をつけていこう。

3
クリーニングは念入りに。いいかげんな状態で作業を進めると工具の当たり面をダメにしてしまう場合がある。フロントと異なりリアは左側からしか作業ができないのでそこを頭に入れておかないと後で泣きを見る事になる。

4

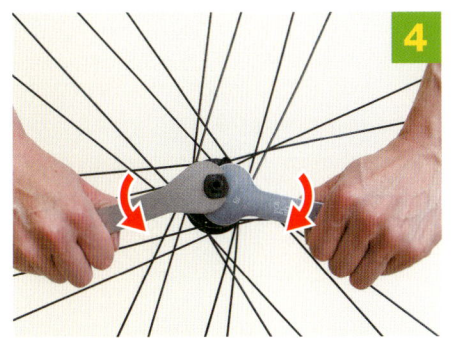

左側の玉押しとロックナットにハブスパナを嚙ませてロックナットを緩める。

5

左側のロックナット、玉押しとも緩める。

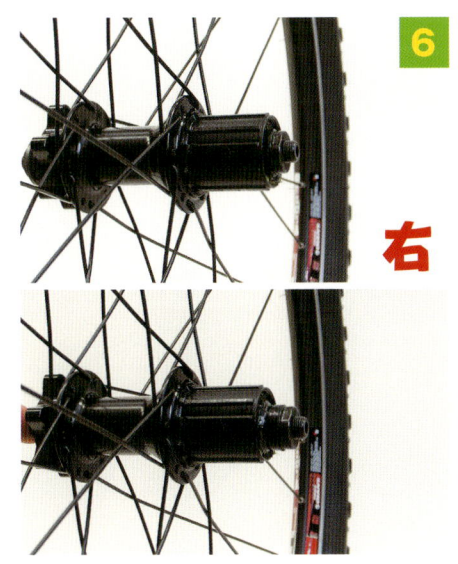

6

この状態でやっと右の玉押しが見える状態になる。

7

このハブは右側の玉押しにもシールが有った。シールをずらしてやらないとハブスパナが使えない構造だったのでずらしたがここのところはケースバイケースで対処する。

8

これでハブスパナが使える状態。ちなみにこの場合には玉押しに15mm、ロックリングに17mmのスパナが合う。

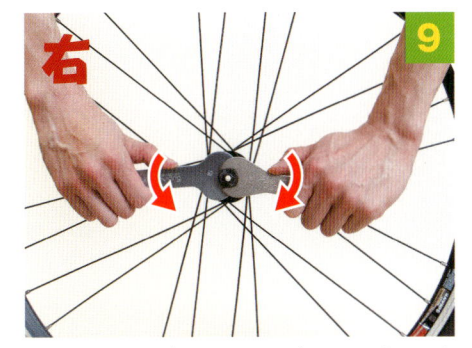

9

緩んでいないはずだが、一応ハブスパナを当てて本締すること。

リアハブ

▶ リアハブ

玉当たり調整

10 左側の玉押しおよびロックナットを指で締める。

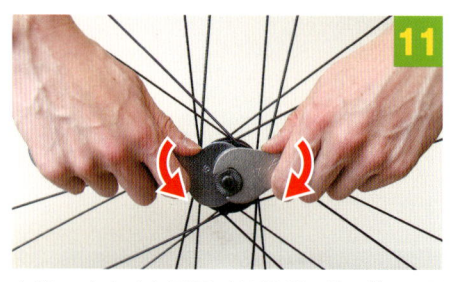

11 左側ロックナットと玉押しをほどほどに締め付けて玉当たりを確認する。（低トルクで締める時はこのように短く持つ）

ゆるい場合

ポイント

12 左右のロックナット同士にスパナを当てて、締める方向に15°程度ずつまわしながら適当な玉当たりになるまで調整する。

きつい場合

13 右のロックナットをスパナで固定しながら、左の玉押しを緩める方向に15°位ずつ回していく。

> **右のロックナットが緩んでしまった。**
>
> **9** で行った右側のロックリングと玉押しの締め付けが弱すぎたので一旦ばらしてやり直す。

14 左側の玉押しと、ロックナットを本締めする。一応確認して納得がいかなかったら前に戻る。

15 最後にダストシールをもどして完成。一応シールを付ける前と後でシャフトの回転に差異がないかチェックすること。どうしてもシールと干渉する部分が有る場合にはシリコンスプレーを吹いておくと改善する場合がある。

完了

68　リアハブ

Topics

ハブにはハブスパナ…とは限らない！

ロックナットにめがねレンチが使えるならば、できるだけ使おう。ナットにやさしいだけでなく、安定した作業ができる。

手入れが悪いとムシクイに。

ベアリングやベアリングの当たり面が痛んでいれば玉たりの調整では根本的な解決はできない。写真左は正常な玉押し、右は傷が入った状態。整備不良のまま運用するとこのようになってしまう。痛む順はベアリング、玉押し、玉受けとなる。

　玉受けまで痛むとハブ交換になるのでそうならないように適時オーバーホールをおこなうようにする事が肝心。

ハブに関する豆知識

写真左が普及価格帯の玉押し、右は鏡面仕上げされた105のそれである。当然の事ながらハブに組まれた状態の両者を触った印象は異なる。

中級グレード（シマノで言えば105）以上の品なのにゴリゴリ感が有る、もしくは普及価格帯の物でも不自然にガタが有る物はベアリングや玉押し、最悪玉受けに傷が有る可能性が高い。その場合はすべてばらしてオーバーホールとなるが他の部分（リムやスポーク）もへたっているならそのままあきらめて乗りつぶすのも一案。

シールドタイプはどうする？

シールドタイプでガタが有る場合はベアリングの打ち直しになる可能性大。
　技術、経験、特殊工具とも必要なのでダメ元のつもりのユーザー以外は作業をお勧めできない。確実に修理したいならショップに依頼しよう。

ガタの取り方
ボトムブラケット&クランク

Navigation

1. BBのタイプはどれか？
2. ホローテック2の場合
7. カートリッジタイプの場合

作業時間 **20**分

補足説明ページ
BB周辺からの異音　　P 76

KEY WORD
- ガタを見つけたら早めの対処が肝心
- 高トルクな作業箇所多数

使用工具
HEXレンチ及び
各BBに対応する専用工具（フェイスカッター）

BBのタイプはどれか？ 1

ホローテック2　NEXT 2

カートリッジ　NEXT 7

ホローテック2の場合 2

まずは左クランクボルトをいったん緩める。

3

4 NG　OKの場合は 完了

BBシャフトにねじ込まれているキャップを専用工具で指定トルクに締め付ける。その後、左クランクボルトを再度指定トルクで締め込む。（メーカーによって玉当たり調整は異なるので取説を確認すること）

70　ボトムブラケット&クランク

4

クランクをはずして左右アダプターをまし締めする。専用工具TL－FC32を使用する際は指定トルクが得られるように延長パイプ等を兼用しよう。

締まった	▶ 組み直す
締まらない	▶ 5

5

左右アダプター内のベアリングに異常がないかチェックする。ガタ等問題が有るならアダプターを交換の後組み直す。

6

ホローテック2ではBBシェルのフェース精度が厳しく問われる。またカップ＆コーンもフェース精度の影響を受けやすい。シェルの平行が出ていなければショップに依頼してフェースカットをする必要がある。

カートリッジの場合

7

一度に左右のクランクをつかんで揺すってみる。手の感覚で左右のクランクが一体になっているか判断する。

片方だけガタがある	▶ 8
両方が一体でガタがある	▶ 11

8

9 NGの場合は　　　　　OKの場合は 完了

ガタが有る側のフィキシングボルトを増締めする。この際には指定トルクで締められるように長めの工具を使用してしっかりトルクをかけるようにしよう。

9 完了

一度クランクをBBシャフトから抜いてBBシャフトとクランクの接合部をクリーニングする。接合部の形状（特にクランク側）に問題が無いか確認する。フィキシングボルトもチェック。

ボトムブラケット&クランク　71

▶ ボトムブラケット＆クランク

10

勘合部の形状に異常がなければグリスを付けてくみなおす。勘合部形状に異常がある場合にはヤスリで削って整形可能と思われる場合はトライ、ダメならクランク交換するしか無い。フィキシングボルトに異常がある場合はさっさと交換してしまおう。

a ○

b ×

ホローテックの勘合部はよく確認して取り付けること。ずれていてもはまっているような手ごたえだったりする。

カートリッジの場合

11

左右のクランクを抜き、BBシャフトを回してみる。シャフトがスカスカに回ったり、ガタがあるようならBBユニットを交換。カートリッジBBは使い捨てなのだ。

12 完了

左アダプターを1～2回転緩めてから、右側からカートリッジを締め込んでみる。その後左アダプターを締め込む。これでもがたつく場合にはBBユニットまたはフレーム側のスレッドに異常がある。BBユニットを他の物に交換してみるか、フレームのスレッドを立て直すかの判断をすることになるが、自信が無ければこれ以上はプロにまかせよう。

異音が出たら

- 異音に対する対処法 ― 74p
  - ホイール
  - トランスミッション
  - パーツ同士の接合部
  - サスペンション
- BB周辺部からの異音 ― 76p

コラム リジットフォーク、― 78p
グッドです。

異音が出たら

異音に対する原因と対処法

Navigation
1. 異音の出る箇所
2. ホイール
3. トランスミッション
4. パーツ同士の接合部
5. サスペンション

作業時間 **15分**

補足説明ページ
- トランスミッショントラブル　P26
- リアディレーラーチューニング　P32
- フロントディレーラーチューニング　P40
- ガタを取る　BB&クランク　P70

KEY WORD
- 問題は放置せずにさっさと対応
- グリスの使い方がキモ

使用工具
・状況によって異なる

異音の出る箇所

異音が出る箇所は大きく分けて4つあります

| a. ホイール | b. トランスミッション | c. パーツ同士の接合部 | d. サスペンション |

それぞれ考えられる原因と対処法が異なりますので順を追って説明していきます。原因が見つかったら排除していきます。

a. ホイール

作業スタンドに乗せてホイールを回してみる。
作業スタンド上では音がしない場合にはゆっくり走行して音のパターンから問題箇所を推測する。

a) サイクルコンピューターのセンサー部またはマグネットがどこかに接触している
b) リフレクターが曲がってホイールと接触している
c) ホイールバランスが狂ってブレーキシュー（車種によってはマッドガード）と接触している
d) ホイールの取り付けがフレームに対して曲がっている（クイックシャフトの締め付け不足、ハブシャフトの収まりが悪い等）
e) タイヤビートの収まりが悪く浮いた部分がブレーキシューと接触している
f) リムのつなぎ目の精度が悪い
g) スポークが折れている
h) リムフランジが割れている

b. トランスミッション

作業台に乗せてクランクを回してみる。
変速動作を繰り返す。
単なる組付けミスやチューニング不足
及び規格の間違え以外に考えられる
のは以下の通り。

リアディレーラーからの異音

a) リアディレーラーハンガーの曲がり
b) リアディレーラーハンガースレッド不良
c) リアディレーラーの曲がり
d) プーリーの上下の取り付け間違え
e) テンションプーリー回転方向間違え
f) チェーンの接合不良
g) スプロケット固定不良（ロックリングトルク不足）
h) ハブがエンドにしっかり入っていない

フロントディレーラからの異音

インナートップやアウターローなどチェーンが大きくよじれる位置では異音がするのが普通です。
それ以外に考えられる原因は下記の通り。

a) フロントディレーラーのプレートが変形している
b) ディレーラーの固定ボルトのトルク不足による位置のずれ
c) BBやクランクにガタが有る
d) チェーンリングのゆがみ

c. パーツ同士の接合部

a) 異音のする場所の特定
b) その場所の増し締め→確認
c) bでダメなら分解清掃→グリス追加→組み直し→確認
d) cでダメなら部品交換

d. サスペンション

フロントサス

アウターレッグとインナーレッグの間に隙間が有ってガタついている場合にはサス交換しか手は無い。他に異音を発していてもヘッドパーツのガタ調整以外は対処法は無いと考えよう。サスペンションのオーバーホールは代理店に送るなどの対処法が現実的。

インナーレッグ及びアウターインナー間にあるシールにシリコンスプレーを吹くと改善する場合もある。

リアサス

ベストなのは各部を分解してケミカル処理をする事だが腕によほど自身がない限りお勧めできない。万一部品を壊すと汎用パーツでは対応できない可能性が大きいからだ。サスユニットの可動部分及び各ピボットボルトにシリコンスプレーを吹くと改善する場合があるのでここまでにとどめておいた方が良いだろう。

サスペンションに関してはテクニックに自信のあるショップに頼むかメーカー代理店に頼んだ方が良いだろう。下手に手を出すと痛い目に遭う事になる。

分解清掃時に接合部及びボルト等に変形があれば部品交換が必要になります。

特に事例の多いBB周辺についてはペダル、クランク、チェーンリング、BBと異音の発生源が集中しておりプロでも判別が困難です。

それぞれ手を着けやすいところからやってみて様子を見る事の繰り返しになります。

次ページでは最も事例の多いBB周辺の異音に対する対処法を解説していきます。

異音に対する原因と対処法

異音が出たら

BB周辺部からの異音

Navigation
1. チェックの仕方
2. 各部増締め

作業時間 **20**分

補足説明ページ
シートピラーの固定　　　　　P14
ガタを取るBB&クランク　　　P70

KEY WORD
- 車輪、クランクの回転、路面の段差
- 各、音の出るタイミングで場所を特定

使用工具
HEXレンチ他
各部増締めのための工具

チェックの仕方

a ペダルを下にしてバランスを取りながら体重をかけてみる。
このときブレーキを前後ともかけておくこと。

b スタンディングスチルができるならクランクを平行にしてペダルに体重をかけ、音の発生源を推測する。左右のペダルは前後入れ替えてみること。

c クランクを持って左右に揺する。音がしなくてもガタで判断できる時も有る。

各部増締め

a 場所が特定できない場合も多い。まずは手を付けやすいところから増締めしてみる。手始めにペダルから。

b ギア固定ボルトも手をつけやすい。

c フィキシングボルトを使用しているものはここも増締め。

d ホローテック2では左クランク締め付けボルトをいったん緩めてキャップを増締め。再度左クランク締め付けボルトを締め付ける。

増締めでもダメなら

ペダルを交換してみる。適当なペダルが無かったら家族用のママチャリのペダルをもいで仮に付けても原因がペダルだったかは検証できる。ペダルではない事がはっきりすればクランク及びBBをばらしてみるしか無い。

手順としては

> クランク及びBBを分解→
> 清掃及びきず、変形、精度不良が無いかチェック→
> グリスアップ→組み直し→確認

となる。完成車に付いていたBBをそのまま使っている人はこれを機会に上級グレードのBBに付け替えるのもGood。

ここまでやって症状の改善がない場合は下のような可能性がある。

> 異音がしていたのが実はシートピラーだった
> →やぐら部分を増締め

> サドルのレールが取り付け部分で破損していた
> →サドル交換

> フレームにクラックが入っていた
> →ご臨終です。

BB周辺部からの異音

コラム

リジットフォーク、グッドです。

MTBやクロスバイクをオンロードだけで使うならリジット化をお勧めします。

購入時に付いていたサスフォークが痛んだらリジットフォークに変えてしまうのはいかがでしょう。

サスが無い＝振動吸収ができないわけではありません。サスが無ければどうしても困ってしまう状況はオフロードに行かなければほぼ出くわすことは無いでしょう。

オンロードでだけ使うなら振動吸収はタイヤ、ホイール、フロントフォークにまかせられるように全体を整えるのです。

以下、各項目について解説します。

a, タイヤ

機会があるごとに述べていますが空気圧の調整は極めて重要です。高価なサスや新素材を使った完組ホイールを買うことを考えるよりまずは空気圧を数回試行錯誤する事の方が重要です。

歩道も走るという人でもタイヤをMTBなら1.50程度、クロスなら38C程度の太さの物を使って後は空気圧と運用（段差前で減速するとか）で十分なサスペンション効果は期待できるはずです。

b, ホイール

オートバイの世界でいまだにオフロード車がスポークホイールであることからもわかる通りスポークホイールは振動吸収をする上で有利な構造です。

しかし、ホイールで振動吸収させるにはホイールがたわむ必要があります。この点から言えば今はやりなスポーク数の少ないホイールはたわみにくいリムと高い張力で張られたスポークとで構成されていますので振動を吸収させるという意味合いからすれば不適です。

c, フロントフォーク

弓なりのフロントフォークはその形状からも推測できるように振動吸収をしています。

しかし、現行で販売されているMTB＆クロスの鉄（クロモリ）リジットフォークは重めにできている物がほとんどです。

そこでお勧めしたいのがカーボンです。カーボンフォークの場合にはある程度素材自体が振動吸収をしてくれます。しかも非常に軽量で安物のサスフォークからカーボンリジットフォークに付け替えると1kg以上の軽量化になります。ふつうパーツ交換による軽量化などは一つのパーツにつき数十グラムからせいぜい100グラム程度です。それがカーボンフォークの場合には桁違いの軽量化になり、しかもしっかりとした剛性感も手にはいるのです。また、様々なパーツから構成されたサスフォークから単体でできているリジットフォークに変えると言うことは故障率が限りなく「0」に近づくと言うことです。

最後にオンロードでサス付きマシンに乗っている人なら誰しも思うでしょうダイブの問題です。ダイブというのはブレーキをかけた時に重心の移動によってフロントサスが沈むことを言います。フロントのみ沈みますので前のめりになります。目線が下がり、全体のジオメトリーも変化してしまいます。リジット化することによってこのダイブからも解放されます。

結局、自転車の魅力を引き出すなら「なるべくシンプルに仕立てる」の一言に尽きるのではないでしょうか!?

消耗品の
チェックと
交換

- タイヤチューブ WO交換 —— 80p
- ブレーキインナーワイヤー交換 —— 88p
- ブレーキアウターワイヤー交換 —— 96p
- シフトワイヤー交換 —— 104p
- ブレーキシュー交換 —— 126p
- グリップ交換 —— 138p
- チェーン交換 —— 144p
- チェーンリング交換 —— 152p
- スプロケット交換 —— 156p

消耗品のチェックと交換

タイヤチューブ交換　WO

Navigation

1	はずす	8	タイヤレバーテクニック
20	フラップの取り付け		
29	取り付け		

作業時間 **10分**

補足説明ページ
- クイックの固定　P 8
- パンク修理　P 18

KEY WORD
- 一部分に力を入れるのでは無く、全体に馴染ませるように。

使用工具
- タイヤレバー
- ポンプ
- プラスドライバー
- マイナスドライバー

はずす

1 空気を抜く。バルブナットが付いているタイプはそれも外すこと。空気が抜けたら、バルブ先端は破損防止のため締めておいた方がGood。

2 リム内側とタイヤビートが貼り付いている可能性が有るので押してみる。貼り付いているようなら親指で押しながら全周とも剥がしておこう。

3 きつめなビートは、まずこのように指で摘んでやるとタイヤレバーが入りやすい。（つまんでキュ）

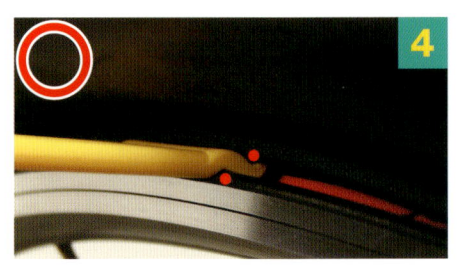

4 タイヤレバーでビートを起こすが、特に注意しなければならないのは赤丸の2点。一方のRにはビートが、もう一方にはリムが乗るようにする。

5 タイヤレバーとスポークを一緒に掴むと、安定した作業をすることができる。レバーがスポークに引っ掛けられるものもある。

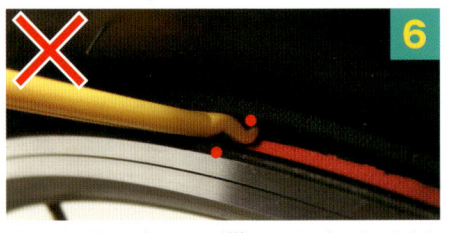

6 リムにタイヤレバーのRが掛かっていないと、やたらと力が必要になるとともにタイヤやリムにも無理な力が掛かってしまう。

7 一本目とほどほどの距離をおいて2本目を差し込む。

8 NGの場合は / **OK の場合は 14**

タイヤレバーテクニック1

8 2本目のタイヤレバーを使う時に実は細かなテクニックがある。
まずは2本目のレバーでタイヤサイドを押す。

9 リムとビートの間に隙間ができる。

10 この隙間にレバーを差し込む。

レバーをひねればこの通り。
ショップの店主がやたら作業が手際良いのは実はこの一連の作業を一瞬で行っているからだったりする。やっている本人も気が付いていないのかもしれない。

タイヤレバーテクニック2

11 ななめにキュ

ビートがきつい時は、このようにタイヤレバーを斜にしてエッジを使って差し込む方法もある。

タイヤチューブ交換　WO　81

▶タイヤチューブ交換　WO

タイヤレバーテクニック3

2本目のレバーが入りにくい時は、1本目とさらに離したところに2本目を差し込み、1本目の方に滑らせるようにしてビートを引っ掛ける。

タイヤレバーテクニック4

2本を一度に差して、2本とも一気に持ち上げてしまう手もある。もちろんチューブにキズをつけないようにすること。

2本目も起こせたら、1本目はそのままに、2本目を第3の箇所に移動させてビートをおこす。

ある程度ビートが外れれば、タイヤレバーを滑らせるだけで作業が進む。軽量チューブを使っている時は、この時にも引っ掛けてチューブを傷める可能性があるので慎重に。

16 バルブの反対側からチューブを取り外す。タイヤに貼り付いている場合には、ある程度力を入れて剥がすのも可。

17 バルブを外すのは、このようにバルブ先端に力が掛からないように気をつけよう。

18 もう一方のビートを外す。このように、タイヤとリムに力を入れれば外せるはずだ。

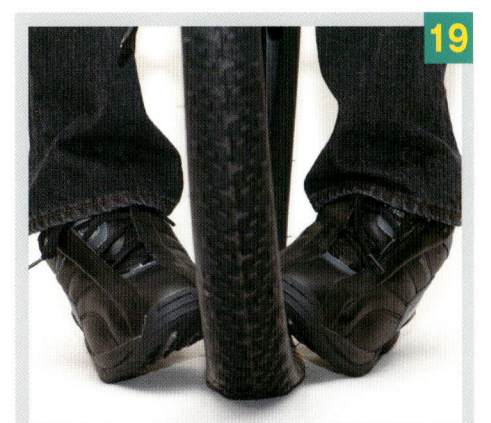

19 外れにくい時は、足でリムを固定して、利き手でタイヤを引っ張るようにするといいだろう。ただし、リムを踏みつけたりしないこと。足はこのように三角に！

タイヤチューブ交換 WO　83

▶タイヤチューブ交換　WO

フラップの取り付け

20

この機会にリム内側のフラップをチェック。ずれていないか、収まりは良いか、リム幅に対して適当なフラップが付いているか？

21

フラップを外す場合には、小さなマイナスドライバーをバルブ穴から差し込み、持ち上げるようにすると良い。固いフラップもあるので手を怪我しないように。

22

フラップを取り付ける際には、バルブ穴にドライバー等を挿してリム側とフラップ側とがずれないようにする。

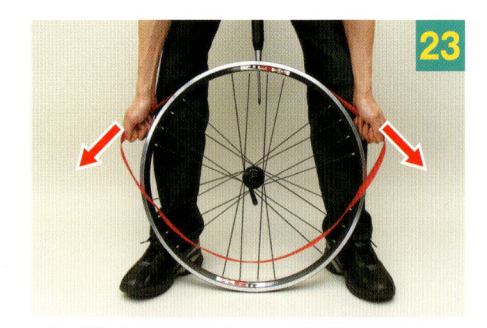

23

バルブ穴を上にしてリムフラップを取り付ける。リムフラップの固さやリムとフラップの相性によってはかなり力を入れないと入らない場合も有る。

24

フラップが上手く入らないのは途中で引っ張る力を緩めてしまう場合が多い。最後まで引っ張り続ける事。

25

最後は親指でぐっと押して収める。

84　タイヤチューブ交換　WO

26
問題があったら小さなマイナスドライバーで修正。

27
バルブ穴がずれてもドライバーをリムに滑らせれば、少しずつフラップをずらすことができる。

28
ホイールを回して確認。

取り付け

29
まずは片方のビートをリムにはめる。

30
たいていは手で入るが、どうしても最後の部分が入らない時はタイヤレバーを使おう。

31
少し空気を入れたチューブをバルブからはめる。空気の量はチューブが丸くなる程度。入れ過ぎるとタイヤに入らない。

タイヤチューブ交換 WO

▶タイヤチューブ交換　WO

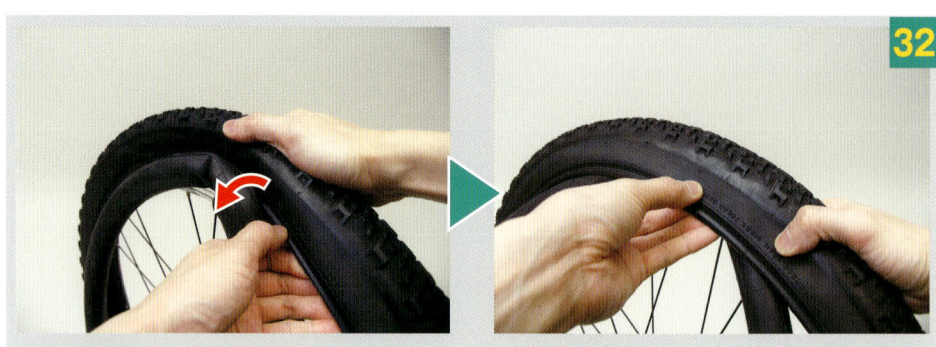

32

はめたらタイヤをかぶせるように。

33

チューブを押し込むのでは無く、馴染ませるように入れていく。押し込むようにすると最後でつじつまが合わなくなってしまうので、全体のようすを見ながら行う。

34

チューブがきれいに収まったらもう一方のビートもはめていく。チューブ内の空気が多すぎると入りにくいので加減する事。

35

最後まで手で入れたいが、どうしても入らない時がある。

その時はタイヤレバーを使うが、チューブを挟まないようにすること。

36

チューブが噛んでいないか、チューブとリムの間を目視で確認する。挟まっていたらビートをもんだりレバーで上げたり、チューブに少し空気を入れたりして収める。

37

バルブをいったん押し込んでバルブ周辺のビートも収める。

38

少し空気を入れて、タイヤの収まりを見る。写真のようにホイールを回転させながらチェックすると分かりやすい。

39

OK 完了

空気圧を所定の数値にセッティングする。最後にもう一度タイヤの収まりをチェックしたら完成。

タイヤチューブ交換 WO

消耗品のチェックと交換

ブレーキインナーワイヤー交換

Navigation

1 はずす
9 ケミカル処理
10 取り付け

作業時間
40分
(乾燥にかかる時間を含む)

補足説明ページ
ブレーキの効きが悪い　　P 48
ブレーキアウター交換　　P 96
ブレーキシュー交換　　　P 126

KEY WORD
・ブレーキブラケット内のワイヤーの通り道を確認
・フリクションロスを最小限になるよう意識すること

使用工具
・ワイヤーカッター　シリコンスプレー
・プライヤー　・HEXレンチ・ニッパー

はずす

1 インナーワイヤーをワイヤーカッターで切断する。

2 ✕ ニッパーは使用不可。ワイヤーがほつれるばかりで切れない。

3 ワイヤー取り付けボルトをゆるめてワイヤーを廃棄する。

4 レバー側はこのままでははずすことができない。

5 ケーブル調整ボルトとナットを回して各スリットが一直線になるようにする。

6 インナーケーブルを太鼓を中心に引き出す。

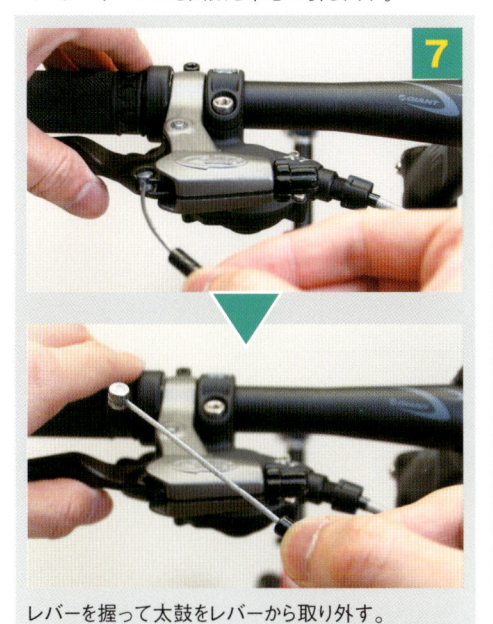

ケミカル処理

9 インナーワイヤーがないタイミングなら、ケミカル処理も簡単。（写真はシリコンスプレー）

7 レバーを握って太鼓をレバーから取り外す。

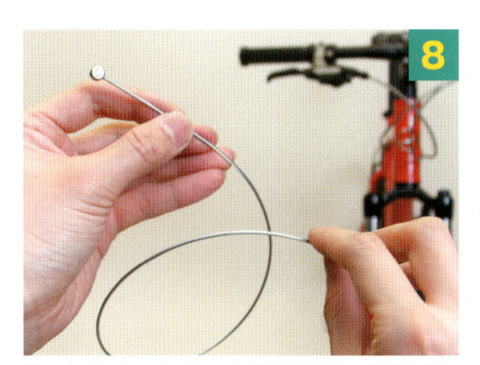

8 抜いたインナーワイヤーの状態を確認。サビや汚れの有無でアウターワイヤーの内部の状況がある程度推測できる。

取り付け

10

11 NG　　**OK 12**

レバーに太鼓をはめる。この時すんなり太鼓が収まるようでないといけない。すんなり入らない場合にまずチェックすべきは太鼓自体の精度が信頼に足る物なのか否か。メーカー品ならともかく製造元がはっきりしない場合はワイヤー側に問題が有る可能性も考慮する事。
その上で納まりを確認。

ブレーキインナーワイヤー交換　**89**

▶ ブレーキインナーワイヤー交換

11 太鼓と合わない部分をヤスリで修正。削るのは最小限にしておくこと。

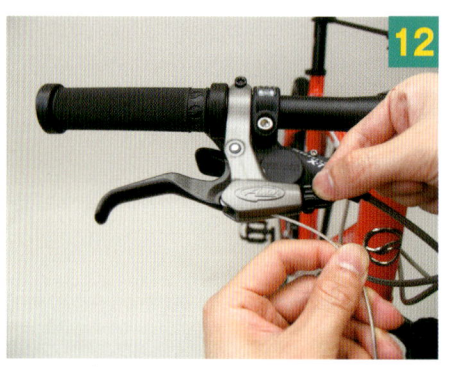

12 ワイヤーを収めたら・・・

13 ケーブル調整ボルト&ナットを指で締めて固定する。

14 アウターキャップにグリスを付ける。これにはサビ防止の意味合いと後々ワイヤー調整ボルトを回す際のフリクションを軽減させる目的がある。はみ出たグリスは拭き取っておくこと。放置するとホコリが付くだけでなく何かの拍子に手に付いて危険だ。

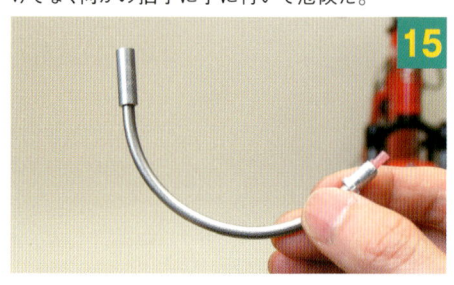

15 インナーリードも一工夫。

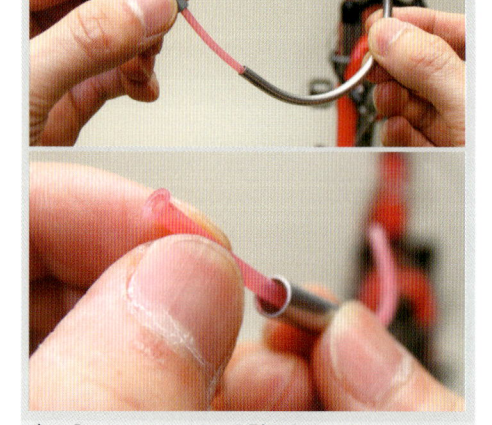

16 中に入っているライナーを引き出す。

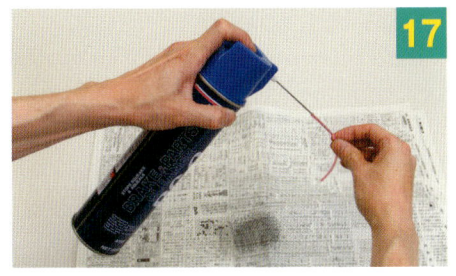

17 速乾性のパーツクリーナーで中を洗浄。

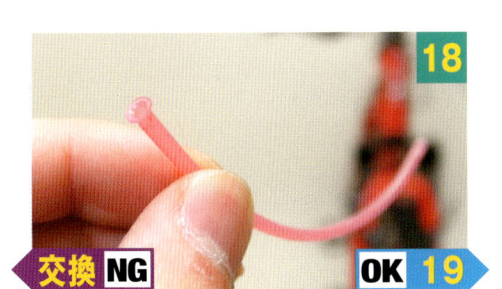

18 ライナーに割れや曲がりが無いか確認。
交換NG　OK

19 ライナー内に潤滑剤を流し込む。

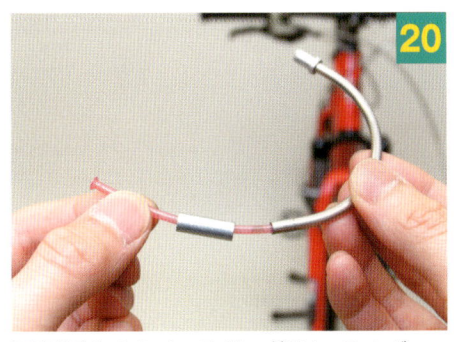

20 再度組直してインナーワイヤー等をセッティング。

21 この状態でアウターワイヤーとインナーワイヤーがスイスイ滑るか確認しておく。

22 ブーツを付けるのを忘れずに。オフロードや雨天の走行をしなければ無くても可。

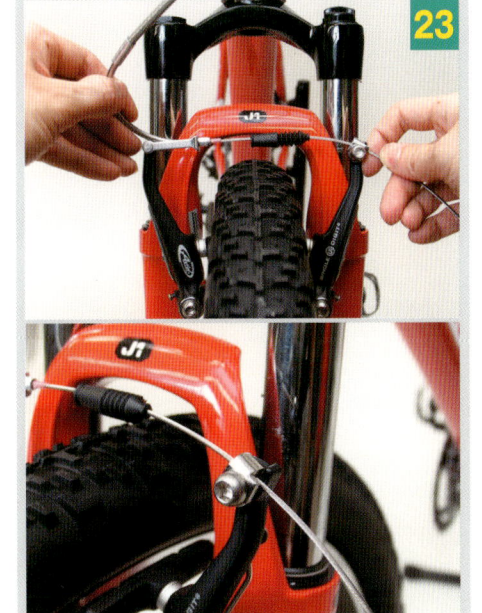

23 ワイヤーを固定する部分でも通し方が正しいかチェック。

ブレーキインナーワイヤー交換

▶ブレーキインナーワイヤー交換

24

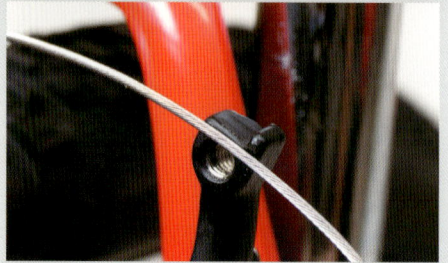

25

26

ケーブル固定ボルト&ワッシャーを外すとこのように。このキャリパーの場合は通し方はギザギザの線に合わせるのが正解。この部分が溝状の物も有る。

ワッシャー側にも細工がしてある物が有るので要注意。この場合は溝に合わせてワイヤーが通るようになる。

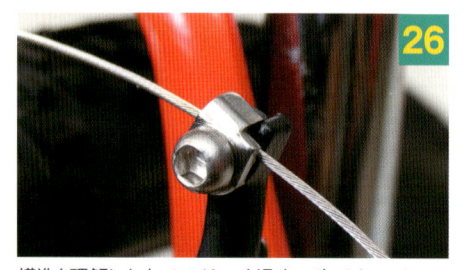

構造を理解した上でワイヤーを通す。ボルトとワッシャーはこすれるので両者の間にはグリスを塗っておくとモアベター。

27

ワイヤーを引っ張る。

28

シューとリムが当たるところまで引っ張ったら・・・

29

適度に緩めてやる。

30

HEXレンチで借り止めして・・・

92　ブレーキインナーワイヤー交換

レバーを操作してワイヤーの張り具合を確認。この時ぎゅっと握ってしまうとせっかく仮止めしたワイヤーがずれてしまうので軽く握ること。
張りは適当か？

再調整の時の構えはこのように。片手でワイヤーを保持してボルトを最小限緩める。

ワイヤーを緩めたい時。

ワイヤーをより張りたい時。

良さげなところで再度仮止め。

本締めをする。この時ブレーキレバーを軽く握りながら作業した方がやりやすい。

レバーをぎゅっと握って初期伸びを取る。

ポイント

初期伸びが出ることによってワイヤーを再度張らなければいけなくなってもケーブル調整ボルトの微調整ですむようならこのボルトで調整しよう。ケーブル固定ボルトを何度も締めたり緩めたりしてはワイヤーにも固定ボルトにも負担がかかるので最小限にしたい。

ブレーキインナーワイヤー交換

▶ ブレーキインナーワイヤー交換

38 余分なワイヤーはカットするがその前に切る位置を確認。

39 ワイヤーカッターでカットする。

40 インナーキャップを取り付けて・・・

41 ニッパーで適度につぶして固定。力を入れすぎると切れてしまうので程々に。

42 このように端を引っ掛けておけば邪魔にならない。

43 ブーツを元に戻して完成。

完了

コラム MTB黎明期の 笑える（笑えない）お話

　物事何でも後になってみると滑稽な事をしている物です。MTBも出始めの頃はずいぶんとおかしな物が出回っていました。

　まずは必要な強度がわからなかったのでやたらめったら丈夫でした。パイプも肉厚でショック吸収云々など全く考慮されず壊れない事が最優先。

　筆者は初期のアラヤ　マディーフォックス（もちろん完全にリジット、クロモリ）を持っていたのですがシートピラーが錆び付いてしまったのでシートチューブを適当なところでぶった切って使っていたのです。過剰なフレーム強度のおかげでオフロード走行も難なくこなしました。ダンシングをしてもウイップ無し！（危険ですからやらないでください）

　ガチガチなフレームにリジットフォークで林道を上ったり下ったりするのですから振動がダイレクトに体にきます。リアからのショックは腰を浮かせば良いですがフロントのはモロに手にきます。長い下りではタイヤのグリップが云々の前に手がしびれてきます。しびれるのを我慢していると今度はかゆくなってきます。いよいよかゆさに我慢できなくてダウンヒルの途中で止まって腕をかくのですがそのとき思ったのはサスペンションが有れば・・・では無くて自動腕かき機が有れば！だったのですからしょうもない話です。

　コンポに関してもゴツかったんです。一番逝っちゃってたのがカンパのMTBコンポでこんなん誰が使うんねん！と突っ込みたくなる様な品なのです。ブレーキレバーなんか「これってハーレーのレバー？」と言いたくなるような。

　シマノも負けじとやってくれます。オートバイの様なブレーキワイヤーの太い規格を出しましてこれもじきに消えました。

　エレベーテッドチェーンステーってのも一瞬はやりましたな〜。チェーンの上にチェーンステーがくるフレームだったのですがチェーンが暴れてもチェーンステーに当たらないのが売りだったんです。各メーカーとも手を出しましたが売れなかったらしく1シーズンで消えました。

　もう一つ忘れてはならないのは蛍光カラーでしょう！バブル真っ盛りの頃は日本総ラリパッパだったのか蛍光ピンクや蛍光イエロー、蛍光グリーンのパーツをごてごて付けたファンキーMTBが町を走っていたのです。

　昔あって今は見ない品の中で唯一使い物になったのはサスペンションステム（写真）くらいでしょうか？筆者は前出のマディーフォックスにインストールしたのですが自動腕かき機の必要性が無くなりました。

　スギノテンションホイールってのも有りましたね。スポークの代わりにケプラーで編み物をした様なホイールだったのですが一時期のレース会場ではほとんどのマシンがこれを装備したこともあったんです。これまた数年で消えました。もしかしたら最新の素材で復活させれば面白い事になるのかもしれません。

消耗品のチェックと交換

ブレーキアウターワイヤー交換

Navigation

1 はずす　4 ワイヤー加工
15 アウターの長さの決め方
33 リアをフルアウターに

作業時間 **20分**

補足説明ページ
ブレーキの効きが悪い　　P 48
ブレーキインナー交換　　P 88
ブレーキシュー交換　　　P 126

KEY WORD
・ブレーキブラケット内のワイヤーの通り道を確認
・フリクションロスを最小限になるよう意識すること

使用工具
・ワイヤーカッター　・シリコンスプレー
・プライヤー　　　　・HEXレンチ・ニッパー

アウターワイヤーを交換するという事はそれに付随するパーツも交換する場合が多いがとりあえず他のスモールパーツは交換しないという前提で解説していく。もちろんばらしていって異常が見られるなら交換となる。

はずす

1

ブーツを外す。ブーツはブレーキングの度に伸びたり縮んだりしているので蛇腹部分から割れる事が多い。ばらしたついでに引っ張ってみて異常があるようなら交換しよう。

2

インナーキャップを上手く外せばインナーワイヤーを再利用できる可能性もある。
このように前につぶした方向と直角に力を加えてやれば外れる可能性大。

3

ケーブル固定ボルトを緩めて常識的にばらしていく。インナーワイヤーがほつれたりアウターワイヤーから外れない時にはあっさりあきらめよう。

ワイヤー加工

4

長さが今までの物で問題なかったのなら新しいアウターをそろえるだけで長さを決められる。
両者の銘柄が異なりアウターの腰の強さが異なるなら長さを微妙に変えた方が良い場合も有る。

5

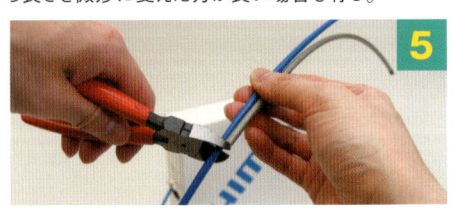

カットはワイヤーカッターでも可能だがブレーキのアウターに限ってはよく切れるニッパーを使った方が作業しやすい。

6 だいたいこんな様に切れる時が多い。中のライナー（白い部分）が潰れているだけで無く、金属部分も曲がっている。

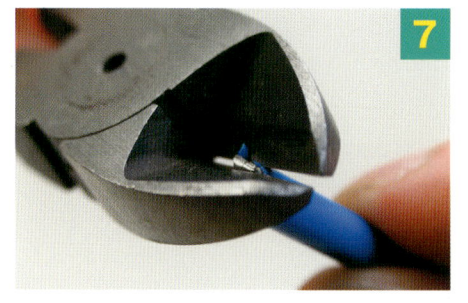

7 金属のバリは、このようにニッパーを斜めに当てて排除する。

8 バリは取れたが、ライナーは潰れたままの状態。

9 千枚通しなどでライナーの形を整えてやる。

10 これで切断面の整形の出来上がり。もちろん両端ともこのようでないといけない。

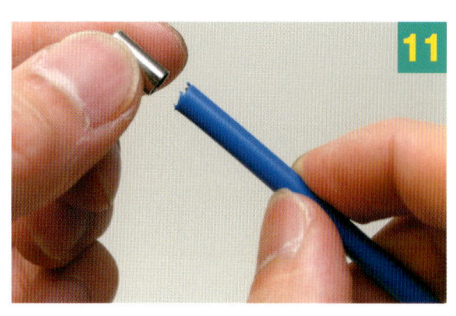

11 ブレーキレバー側及びフレームのアウター受け側にはアウターキャップを付けなければいけない。
アウターとアウターキャップにも相性が有るのでしっくりいく物を合わせてほしい。特にメーカーが異なる物を合わせようとすると合わない場合が多い。

12 物によってはこのようにカシメないとすっぽり抜けてしまうタイプも有る。

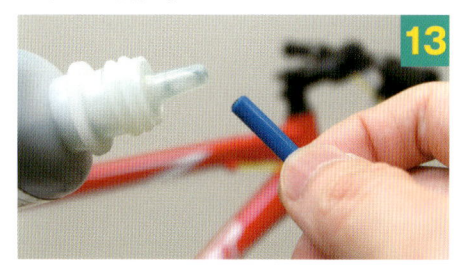

13 お気に入りのケミカルで潤滑させよう。インナーワイヤーがなければケミカルの注入も容易だ。

ブレーキアウターワイヤー交換　**97**

▶ブレーキアウターワイヤー交換

インナーリードユニットの選択

14

インナーリードユニットは3種類の角度の異なる物が用意されている。

最もポピュラーな使い分けはフロントブレーキを左右どちらのブレーキレバーで操作するかを選択する時。これは右のブレーキレバーで前ブレーキを操作する（いわゆる右前）ケース。インナーリードユニットは135°を使用するときれいなラインになる。

同様に左前の場合は90°のインナーリードユニットが合う。新車時に適当なインナーリードユニットが付けられているとは限らないので要チェック。

アウターの長さの決め方　フロント

ブレーキキャリパーを手で押さえ、インナーリードユニットを適当な角度で保持した状態でアウターワイヤーの長さを検討する。

15

矢印の位置のアウターが浮き上がっているのが分かる。サスが沈めばより浮き上がってしまう。かっこ悪いだけでなくアウターワイヤー内のフリクションロスも大きくなる。

右前　長すぎ

16

この程度できれいなラインとなる。ロングストロークのサスを使用している場合にはサグ量も考慮して少し長めにするといいだろう。いずれにしても乗車状態＆平坦地でのサスの沈み込みを基準にするのが基本。

右前　適当

17

1gでも軽くしたいとワイヤーを短く切ってしまう人がいるがこれで軽量化しても数グラムだろう。まったくもって意味が無い。フリクションロスは増え、ワイヤー寿命は短くなるしブレーキの片効きの原因にもなりかねない。

右前　短すぎ

18
アウターが浮き上がるのも問題だが矢印にあるインナーリードユニットの浮き上がりも良くない。そもそもこのライン状で最もアールのきついのはインナーリードユニット部分なのだ。ここで抵抗が出るのはなんとしても避けたいところ。

左前　長すぎ

19
このくらいで適当か。

左前　適当

20
一見これでも良さそうだがインナーリードユニット部分を見てほしい。このままインナーワイヤーをセッティングするとアウターワイヤーに引っ張られてワイヤー出口が下を向いてしまう。

左前　短すぎ

コラム
変わり種インナーリードユニット

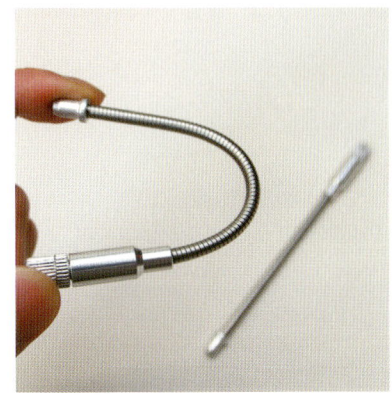

フレキシブルタイプ
折りたたみやリカンベントなど取り付け条件が一般的なMTBと異なる場合にはこのように自在に曲がるタイプを活用するのも一案。

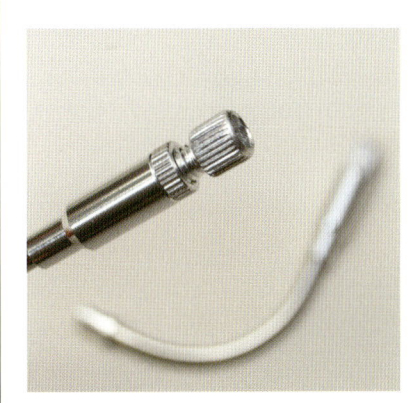

調整ボルト付き
レバーが特殊で調整ボルトがレバー側についていない場合にはインナーリードユニット側に調整ボルトがついている物を使用すると利便性が高くなる。

ブレーキアウターワイヤー交換

▶ブレーキアウターワイヤー交換

アウターの長さの決め方 リア1

21
左後ろのリアの長さを決める時は。

22
ハンドルバーが最も切られた時に無理のないぎりぎりの長さにする。

23
持ってみるとまだまだ余っているのが分かる。

24
アウター受けのところで頃合いを見てみよう。

25
ハンドルバーをまっすぐに戻して確認。

26
位置が決ったらカットする。

アウターの長さの決め方 リア2

27 右後ろ

右後ろのリアの長さを決める時も、

28

バーをいっぱいに切った時にギリギリの長さに。

29

左前、右後ろに正しくセッティングされた状態。このようにすっきりと無理の無い感じになる。

30 長すぎ

長過ぎるアウターワイヤーによってインナーリードユニットが押されているのだ。
この程度であれば当初は問題なく動くが長い目で見ればインナーリードユニット内のライナーが摩耗で破損したりする。

31 適当

きれいなラインを描いてワイヤーが流れている。インナーリードユニットにも無理が無い。

32 短すぎ

長すぎる時と同様短かすぎる場合も横から見ると問題なさそうに見える。後ろから見ればインナーリードユニットが引っ張られてしまっているのが分かる。

ブレーキアウターワイヤー交換

▶ブレーキアウターワイヤー交換

リアをフルアウターに

フルアウターは泥詰まりによるトラブルの回避が元々の目的であったのにフルアウターの方が気合いが入っているという認識を持つ人もいるようです。
筆者は後々のメンテナンス性やフリクションロスが大きくなる事を考えればドロドロなコースでのエンデューロレース用マシン以外にはこれと言ってメリットは無いと思います。

33 通常の引き回し

34 フルアウター

タイラップ

このフレームの場合アウター受けにもアウターを通せるようになっているがそれだけではアウターワイヤーが落ち着かないのでタイラップで途中を2カ所固定した。

35 前に行き気味

フルアウターはしっかり固定していないとずれてしまう。これは前（ブレーキレバーより）にずれてしまった例。インナーリードユニットが引っ張られてしまっている。

後ろに行き気味

後ろにずれると横に広がって左太ももと干渉してしまう。レース中にこのようにずれてきたら何とも不快だし集中力も削いでしまう。

36 きれいに収まった状態。

102　ブレーキアウターワイヤー交換

インナーリードユニットの裏技

37

前記した通りインナーリードユニットには3種類の角度の物が用意されています。
しかし、微妙に角度を変えたいときもあります。特にリアの場合90°のインナーリードユニットを付けて適切にワイヤーを張っても微妙に太ももに当たる場合があります。こんな時にはインナーリードユニットを指で微妙に曲げてしまいましょう。
幸いインナーリードユニットはアルミでできており手で曲げることができます。
この時注意しなければいけないのは一部分を曲げるのではなく全体をなだらかに曲げるようにする事です。

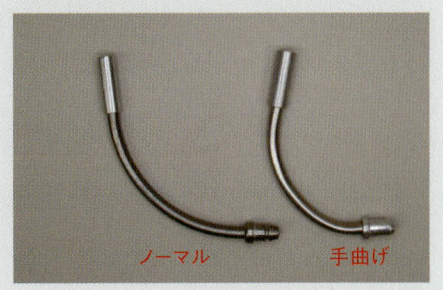

ノーマル　　　手曲げ

コラム　シフトとブレーキ、アウターはなぜ別物？

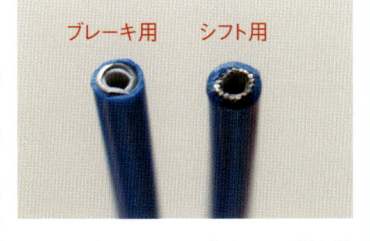

シフトは縦にブレーキはグルグルと金属が入っています。
　このように構造が異なるのには理由があります。
　まずシフトに求められる物はシフトレバーからの情報、つまりがワイヤーの引き量をディレーラーに正確に伝える事です。
　現在の様にインデックスシステムが一般化してしまうとデジタル的な情報を正確に送る必要が有ります。
　それを実現するためにシフトアウターには圧縮に強い事が求められます。もしシフトした時にアウターワイヤーが縮まってしまうとインナーワイヤーが正常な引き量に引かれてもディレーラーに行くまでに引き量が変わってしまい正常なシフトはできません。
　そのため縦方向に多数の剛線を入れる事によって縦方向に伸び縮みしないようになっています。
　一方ブレーキはデジタル的な動きをするわけでは有りません。ブレーキレバーを引いたとたんにホイールがロックしたのではシャレになりません。
　と、言うわけでブレーキのアウターワイヤーには縦方向の剛性はあまり問われません。かえってある程度曖昧な部分が有った方がコントロールしやすいと感じる場合もあるでしょう。それよりブレーキのアウターに関して肝心なのは信頼性です。
　シフトのアウターワイヤーは長年使用していると表面の樹脂が劣化して柔軟性を失い、ある日突然竹を折った時のようにバックリ割れる事があります。
　シフトならこのようになっても変速不良になっただけで致命的な事故につながる事は無いでしょう。
　しかし、これがブレーキのアウターだったらどうでしょう。だいたい物が壊れるのは強い力がかかったときです。急ブレーキをかけたらバックリとアウターワイヤーが割れてブレーキが効かないまま突っ込んでいくかもしれないなんて考えただけでもゾッとします。

ブレーキ用　　シフト用

消耗品のチェックと交換

シフトワイヤー交換

Navigation

| 1 | チェック | 70 | アウターワイヤーの準備 |
| 5 | はずす | 86 | 取り付け |

作業時間 **20分**

補足説明ページ
リアディレーラーチューニング　P32
フロントディレーラーチューニング　P40

KEY WORD
- レバー内の構造を理解する。
- フリクションロスを最小限に

使用工具
・ワイヤーカッター　・カッター　・千枚通し
・HEXレンチ　・ニッパ

シフトのインナーワイヤーを交換するのはほつれたりアウターが割れたりする場合の他はディレーラーの交換時程度。何キロ走ったらもしくは何ヶ月で交換などという表現をしている解説書も有るが筆者はこの説を支持できない。

筆者自身の経験から言って適切にインストールされているシフトワイヤーの寿命は非常に長くほとんど半永久的に思えるくらいだ。

ただ、アウターワイヤーは樹脂が硬化してしまって割れてしまうので日光に常時さらされていると1年程度でダメになってしまう。このアウターワイヤーの交換時にインナーもついでに交換という考え方が最も妥当ではないだろうか。

ただし、シフトレバーの操作が荒っぽい人やワイヤーに抵抗が有るにもかかわらず無理矢理使っている場合にはインナーワイヤーの寿命が極端に短くなる。

チェック

1
これは極端な例だがシフトアウターワイヤーはブレーキアウターと比較して経年変化に弱い傾向があるようだ。よくチェックして割れがある時はもちろん樹脂の柔軟性が失われているようなら交換しよう。

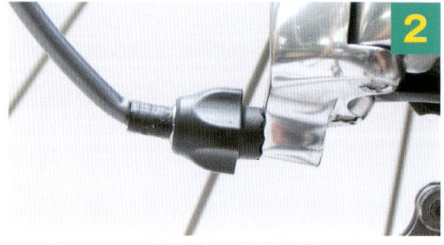

2
リアディレーラー調整ボルト付近は使っているうちにアウターが曲がってしまう可能性大。ここも要確認。

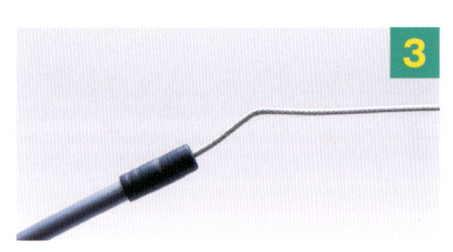

3
インナーワイヤーのすべりが悪いと思ったら、アウターワイヤーの中にくせのついた部分が入っていたなんて事もある。

4
シフトレバーを操作してワイヤーが最もたるむ位置にする。フロントならインナー。リアは写真の様にトップノーマルならトップに、ローノーマルならローに入れる。

はずす

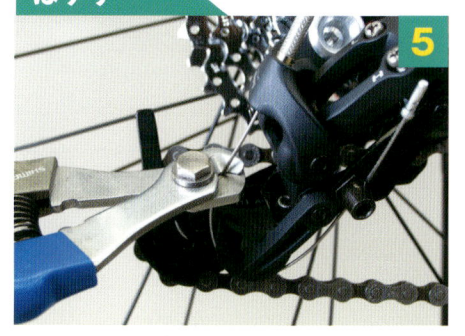

5

インナーワイヤーをカット。もしアウターワイヤーのみ交換の場合でも作業性を考えてインナーごと交換してしまった方が現実的。

6

各アウターを外していく。アウターがどのアウター受けに入っていたかよく確認しておくこと。

これ以降の解説について

7

MTBのシフターはシフター内のインナーワイヤーへのアクセス方法が多数ある。
すべてを説明しているわけにもいかないので代表的なアクセス方法をいくつか解説していきます。基本的な要領は網羅していますのでご自身のマシンに付いているパーツがそっくり同じでなくても付属のマニュアルと応用力で対処してください。

p106	SRAMグリップシフト5.0
p108	SRAMグリップシフトMRX
p110	SRAMグリップシフトESP5.0
p112	SRAMトリガーシフター
p113	シマノデュアルコントロールレバー例1
p114	シマノデュアルコントロールレバー例2
p115	シマノデュアルコントロールレバー例3
p116	シマノデュアルコントロールレバー例4

シフトワイヤー交換

▶ シフトワイヤー交換

グリップシフトもインナーワイヤーへのアクセス方法が多々ある。アクセス方法が多すぎてすべては網羅できないがいくつかの例をご紹介する。筆者も日頃からケースバイケースで対処している。

SRAMグリップシフト5.0

8 怪しいのは矢印の2カ所。

9 まずはこのボルトを外していく。ドライバーは2番を使用。

10 ボルトが外れればカバーを外すことができる。

11 こちらは横にずらすだけで取れる。

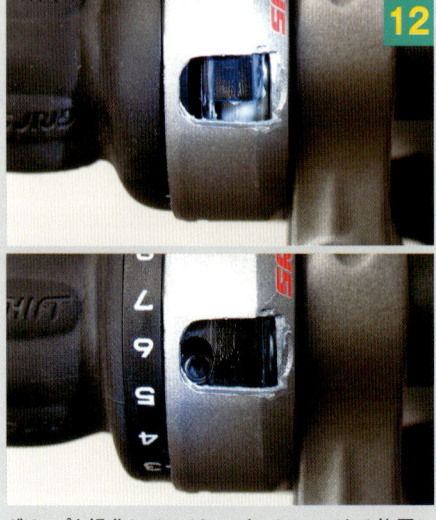

12 グリップを操作してワイヤーがアクセスできる位置にする。

13

14

HEXレンチでキャップ代わりになっているイモネジを取る。

これでワイヤーへアクセスできるようになる。

15

新しくワイヤーを通したら‥‥

16

アウターアジャストボルトにインナーワイヤーを通す。

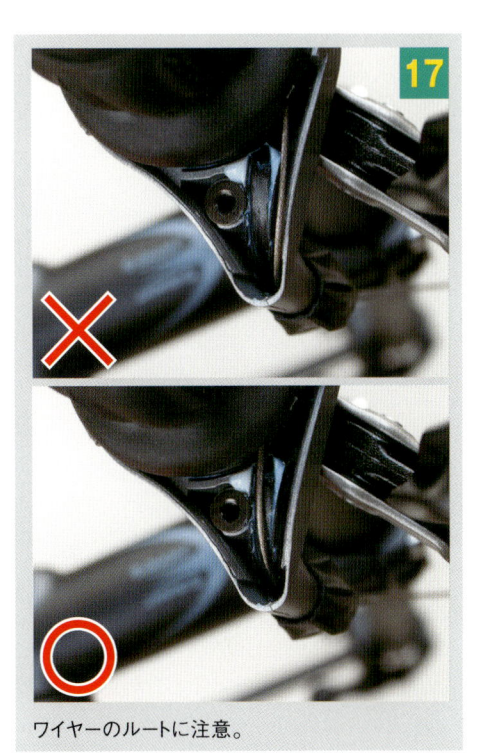

17

ワイヤーのルートに注意。

18

すべてを逆順に戻す。

NEXT 70

シフトワイヤー交換　**107**

▶シフトワイヤー交換

SRAMグリップシフトMRX

19 前ページの5.0とほぼ同位置にアクセスポイントがあるが少々作業方法は異なる。

20 矢印部分に注目。かすかに隙間が作られている。

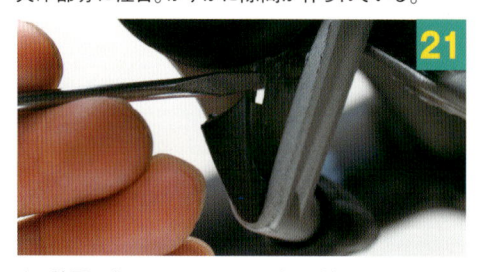

21 その隙間に細いマイナスドライバーを差し込んで軽くコジってやればカバーが外れる。

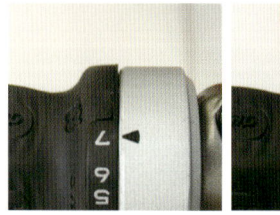

22 もう一つのアクセスポイントはなんとここに。筆者は初めてこの構造を知った時に衝撃的な事実にしばし唖然とした。

23 ワイヤーを抜くのはこのまま出来る。しかし新しいワイヤーを入れようとするとこのままでは入らないのだ。一粒で2度びっくり。うれしいような悲しいような。

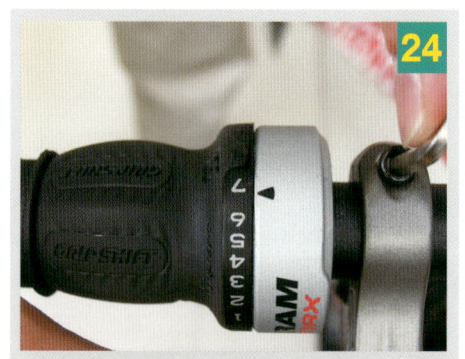

24 グリップを外すかブレーキレバーグリップシフトともハンドルバー中央に寄せる。今回は後者の方法をとった。

108　シフトワイヤー交換

25

グリップシフトをいったん固定してから矢印方向に微妙に力を入れて分割する。構成部品は両者ともエンプラなので手応えが分かりにくい。慎重に時に大胆に力を入れる。

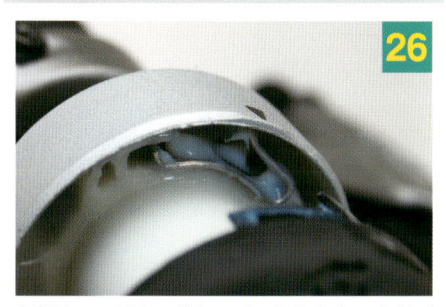

26

内部はこのように。グリスにまみれた中央の金具がキモ。分割する時に乱暴にやるとこの金具が飛んでしまうので要注意。

27

金具がずれている様ならドライバーなどを使って元に戻しておく。

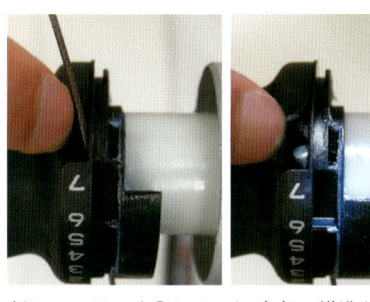

28

新しいワイヤーを入れていく。内部の構造をよく見た上でワイヤーのルートを考えること。

29

アウターアジャストボルトにインナーワイヤーを通す。

30

ワイヤーを挟んだりしないように元に戻す。微妙に回しながらはまる所を探すこと。気が付かないうちにワイヤーをどこかに挟んでいる時も有るので少々ワイヤーを引っ張りながら作業するとすんなりはまる時がある。

NEXT 70

シフトワイヤー交換　**109**

▶ シフトワイヤー交換

SRAMグリップシフトESP5.0

31 一見どこにもワイヤーの取り出し口がないように見えるタイプも有る。

32 ここに溝が掘られている。マイナスドライバーでこじると外れる。

33 グリップを外すかブレーキレバーグリップシフトともハンドルバー中央に寄せる。

34 グリップシフトをいったん固定してから矢印方向に微妙に力を入れて分割する。

35 これでワイヤーにアクセスできる。

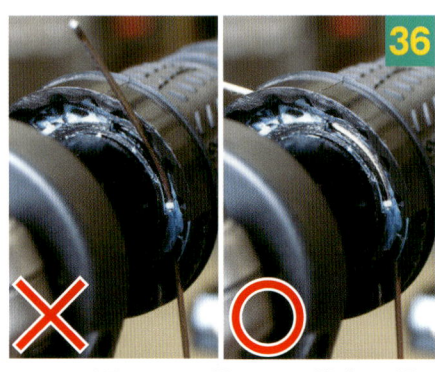

36 ワイヤーが通るルートは要チェック。間違った通し方をして再度組み立てをしようとしても各部が収まらないはず。おかしいなと感じたらいったんワイヤーを外して組み立てが出来るかどうか確認した方が良い。

110　シフトワイヤー交換

アウターアジャストボルトにインナーワイヤーを通す。

今さらながら突起を発見（矢印）。なるほどこのパーツを抜いてからでないとグリップは分割できないのだ。

ワイヤーを挟んだりしないように元に戻す。微妙に回しながらはまる所を探すこと。気が付かないうちにワイヤーをどこかに挟んでいるときもあるので少々ワイヤーを引っ張りながら作業するとすんなりはまるときがある。

これで完成。

NEXT 70

シフトワイヤー交換　111

▶シフトワイヤー交換

SRAMトリガーシフター

41
インナーケーブルを交換する場合にはキャップを取り外す必要がある。スレッドまで樹脂でできた柔らかいパーツなので注意して取り扱うこと。正ネジなのでこの場合は半時計方向に回すと外れる。

42
43 NG **OK 45**
インナーワイヤーを押してやればキャップが外れるとともにワイヤーの太鼓が現れる。

43
リリースが完全でないと太鼓が所定の位置にこない。これは2ndに入っている状態。かすかに太鼓(矢印)が見えている。

44
これでリリースできている状態。太鼓が完全に見えている。これで外れないようなら反対側から強めに力を入れてやれば抜けるはずだ。

45
スレッド形状まで特殊なので無くすと厄介だ。はずしたらそこいらに置かないでパーツトレーに保管するなどの注意が必要。

46
インナーを抜いていくがシフター内部が汚れないようにワイヤー全体がサビたり汚れたりしているならその部分はカットしてから抜こう。

NEXT 70

シマノ　デュアルコントロールレバー　例1

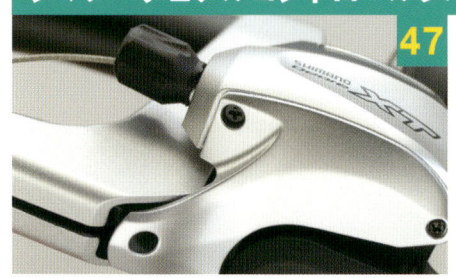

47

50

中の構造を観察して太鼓を外す方法を考える。このように内部が大きく開くものではワイヤーをリリースしていない場合の方が太鼓の脱着が簡単な場合もある。臨機応変に対処しよう。

いじって良いボルトとそうでないボルトの判断は取説を見るのがベストだが、無い場合には構造を観察してこれと思うものを外していく。

51

48

ラジオペンチで横にずらして抜くのがベストと判断。次に新しいワイヤーを入れなければいけないので、その時のことを考えながら作業を行おう。ちなみにこの作業方法はこのパーツに付属していた取説とは微妙に違う。取説の通りにやろうとするとワイヤーに癖が付いてしまってあまり良い方法とは思えない。取説の通りがベストとは限らないのだ。

ボルトは特殊なものが多いので無くさないように用心しよう。

49

52

NEXT 70

これは一方のボルトでヒンジ状にフタが開くタイプ。

新しいワイヤーを通して動作確認をしたらフタを戻す。

シフトワイヤー交換　113

▶ シフトワイヤー交換

シマノ　デュアルコントロールレバー　例2

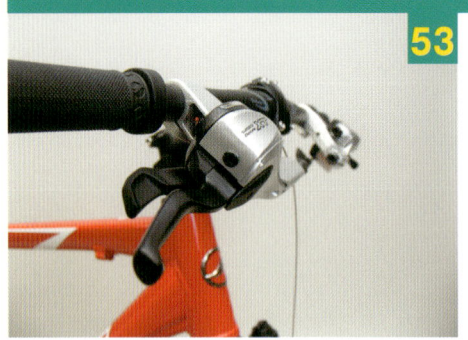

53

例1と同型番の右側。型番が同じであるにかかわらず、左とは異なる作業方法になる。

55

レバーが最後までリリースされていれば、すんなり太鼓が出てくる。

54

メンテ用の穴がここに。2番ドライバーでインナー太鼓穴キャップをはずす。

56

3rd

2nd

Top

NEXT 70

内部はこのように動いているので、新しいワイヤーを通す際には、リリースされていることを良く確認して作業をされたい。

114　シフトワイヤー交換

シマノ　デュアルコントロールレバー　例3

57 ボルトをはずす。

58

引っ掛かっている部分を微妙に引っ張りつつカバーを開ける。プラスチック相手なので加減に気を付ける。

59 引っ掛かる部分／ボルト用穴

カバーの内側から観察すると理屈が分かってくる。ボルト1本と引っ掛ける部分2ケ所の合計3ケ所で固定しているのだ。

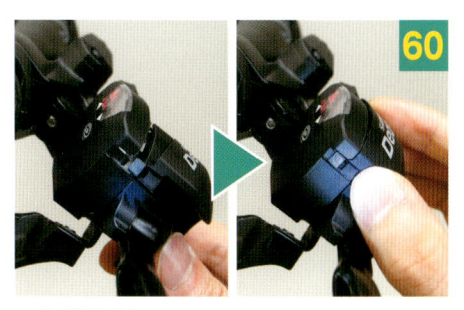

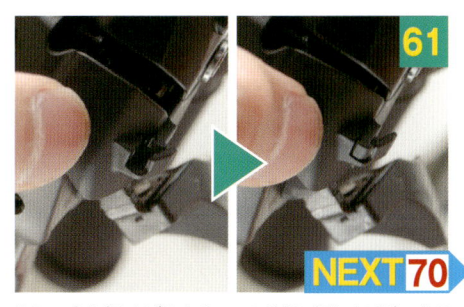

60 一方を収めたら…

61 NEXT 70

もう一方も押せばはまる。このように押したり引いたり、様々な方向に力を入れることによってカバーの開閉ができる。

シフトワイヤー交換　115

▶シフトワイヤー交換

シマノ　デュアルコントロールレバー　例4

メンテ用のボルトはこれ。

これで内部にアクセス、シフトワイヤーを交換できる。

フタを取りはずす。

このタイプで問題なのは、カバーを戻すとき。構造を理解しないままはめようとするとトラブってしまう。まずはこのようにまっすぐフタをしようとしても締まらない。さらには内側の突起が変形してしまう可能性がある。

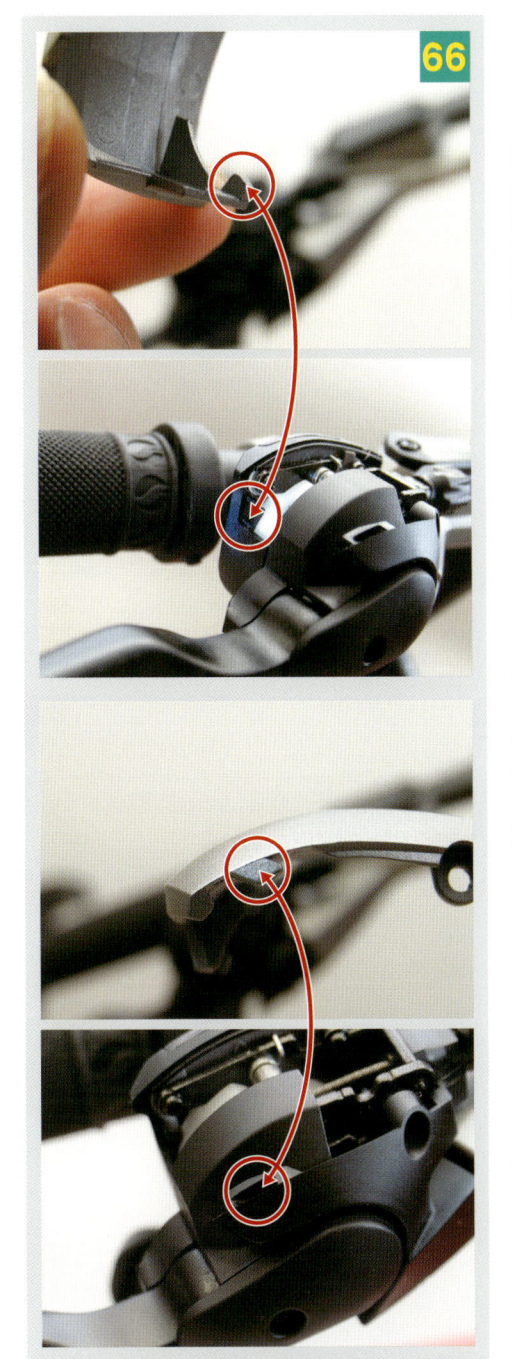

造形から考えて、このように斜めにはめていけばすんなり収まることがわかる。

カバーがきっちり収まったのが確認できたら…

ボルトを戻す。

カバーの造形にはそれぞれ意味がある。カバー側の突起と本体側のくぼみが合うように作られている。そこを確認しながら作業しないといけない。

シフトワイヤー交換

▶シフトワイヤー交換

アウターワイヤーの準備

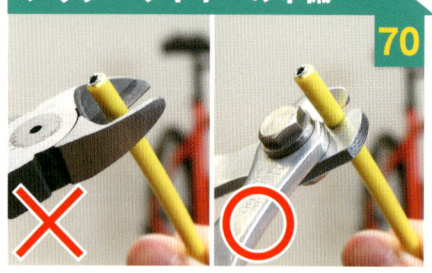

70 ブレーキアウターと異なりカットは必ずワイヤーカッターを使用すること。

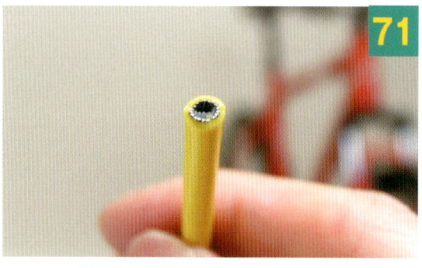

71 カットした断面はこのように中のライナー（白い部分）がつぶれる事が多い。

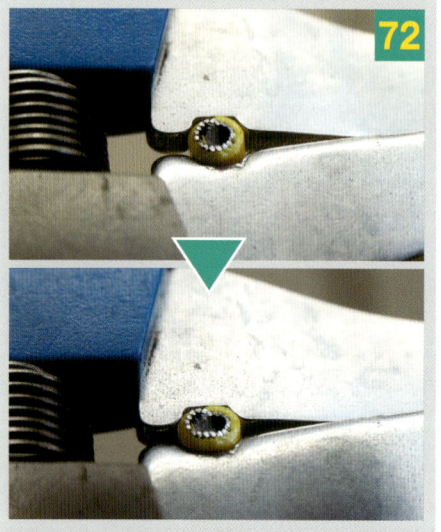

72 ワイヤーカッターのこの部分で形をととのえるとライナーが開く時がある。それでもだめなら…

73 おやくそくの千枚通し。

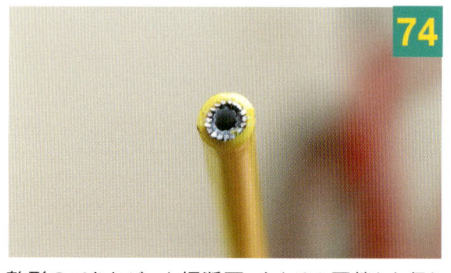

74 整形のできあがった切断面。もちろん両端とも行うこと。

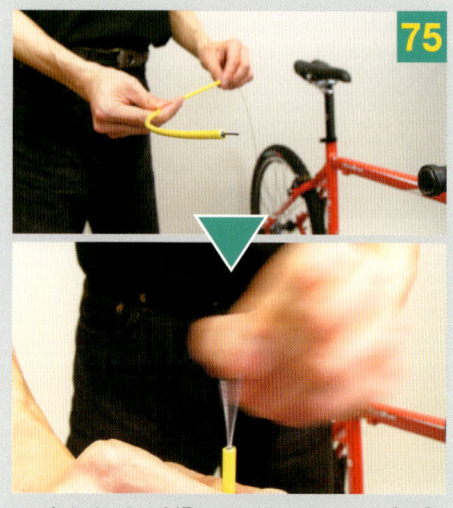

75 いったんインナーを通してカットしたところでグリグリするのもGOOD！ 千枚通しがなくてもライナーが整形できる。

76

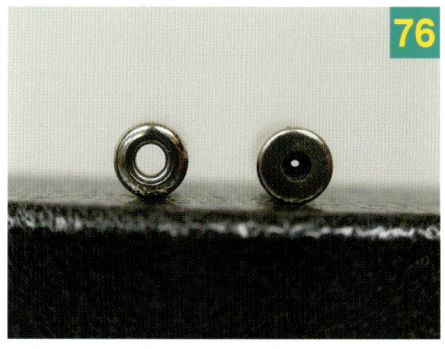

アウターキャップはアウターの種類によっても適合する物が異なる。今後も新規格が現れたりするだろうから、ワイヤーとのマッチングを確認されたい。ちなみに写真左はブレーキ用、シールドがなく動きがいいので筆者は個人的に愛用している。

77

シフトレバーからフレームのアウター受けまでのアウターの長さの決め方はブレーキの場合と同様なのでP106を参照されたい。ブレーキとシフトではコシの強さが違うのでそれを考慮した上で長さを決めよう。

78

アウターキャップはアウターワイヤーとマッチする物を使わないといけない。セット物を無くさないのが最良の方法。MTBではアウターキャップの使用数が多いので気を付けよう。

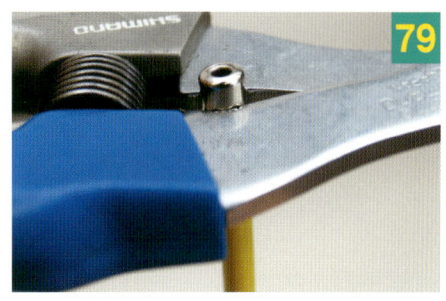

79

このアウターキャップはカシメるタイプ。樹脂製でカシメるタイプは無い。キャップを付けてスカスカならカシメるタイプと判断しよう。

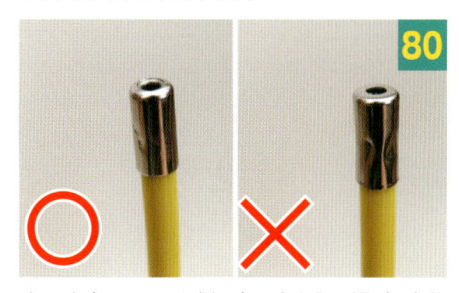

80

左は適度にカシメた例。右は力を入れ過ぎ。全体に変型してしまった。

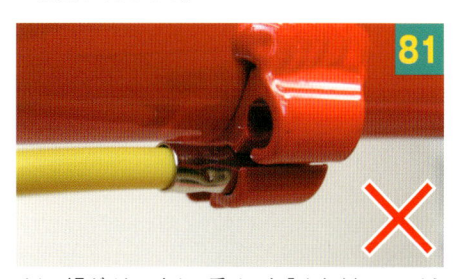

81

カシメ過ぎるとアウター受けにも入らなくなってしまう。

82

適切にセッティングできるとこのように。シフターの種類によってもアウターの引き回しは異なる。

シフトワイヤー交換　**119**

▶ シフトワイヤー交換

フレーム途中にあるアウターワイヤーも抵抗が出ないように長さを考慮する。

長すぎ **適当** **短すぎ** 83

SRAMリアディレーラーの場合

SRAMのリアディレーラーは、Bテンションボルトの調整が済んでからアウターの長さを調整した方がモアベター。

適当 **短すぎ** **長すぎ** 84

全体の仕上がりはこのように！

シマノリアディレーラーの場合

長すぎ **適当** **短すぎ** 85

シフトワイヤー取付け

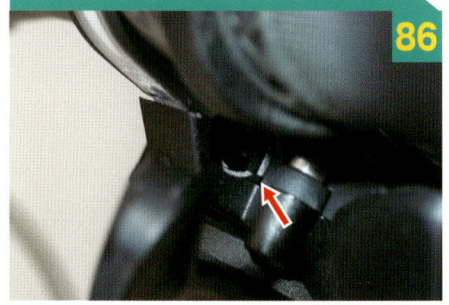

86

87

古いインナーを抜く時にリリースできているはずだが今一度確認。やっかいなのは下の写真のようにリリースできてなくてもワイヤーが入ってしまう事。中のメカを壊してしまう事にもなるのできちんと確認。

分かりにくいときはライトで内部を照らしてみよう。

88

このような体勢でインナーワイヤーを通していく。STIレバーセットに入っているインナーワイヤーはFRの長さが異なるので気をつけたい。（R用が長い）

89

タイコがおさまった状態。

90

シマノ製シフトアウターワイヤーにはSISと書かれた側にデュラグリスをつめた物がある。このグリスはシフトをもっさりさせてしまうので是非抜いてしまいたい。

▶ シフトワイヤー交換

91

92

SISの表示と反対側からインナーワイヤーをつっこめばこのようにぬくことができる。最近はシフトワイヤー専用の白いグリスに変更されてきているが、こちらは問題なく使える。デュラグリスを抜いた際にはワックス等で潤滑を確保。

アウターワイヤーの準備ができた所でインナーワイヤーを通していく。

93

アウターがスイスイ滑るか確認しておく。他のアウターもインナーワイヤーを通していく際順次チェックしていく。もちろん抵抗があったらその抵抗要因を排除していくこと。

94

アウターアジャストボルトとアウターキャップが接触する部分にグリスを塗っておく。

95

インナーワイヤーがむき出しになっている部分には専用の樹脂小物を通しておくとモアベター。フレームの塗装がインナーワイヤーと接触して傷むのを防いだり、両者が当たったときの音を軽減できる。

96

アウターが浮いたままインナーワイヤーを固定しないようにしよう。シフトが決まらないのはもちろん、アウターキャップなども傷む可能性大だ。

ディレーラーに通す

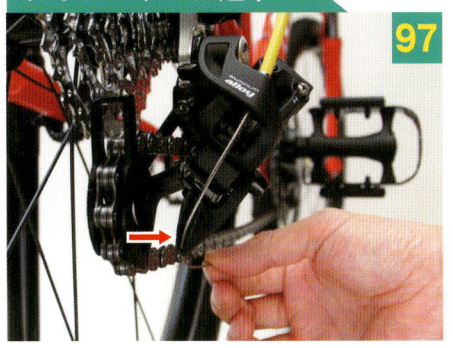

97 SRAMの場合、矢印で示した部分に潤滑剤を付けておくとモアベター。

98 インナーワイヤーを所定のルートに通して（P124参照）固定する。固定するときはディレーラーのパンタグラフが動いてしまうので手で保持したまま行うこと。

99 もしくはペダルを回しながらレンチを回してディレーラーをローの位置に。そうしないとチェーンをよじってしまう。

100 余分なインナーワイヤーを切断する。作業に不安のある人はカットする前に一度変速させてみよう。

101 インナーキャップを取り付ける。

102 フロントディレーラーが動くとワイヤーの端も動く。固定位置や動きによってはフレームと干渉することになるので、それを考慮した上でカットする位置を決めること。

インナー　アウター

シフトワイヤー交換　123

▶シフトワイヤー交換

リアシフトワイヤーの固定位置（トップノーマル）

ディレーラーへのワイヤーの固定は重要なチェックポイント。なんとなく付けてしまっても偶然上手くいくこともあるが、正しい固定法を理解しておこう。特にMTBではトップノーマルと、ローノーマルとでは固定位置が異なる。それに気が付かないでインストールしてしまうとチューニングが出来なくなってしまう。

103

ワイヤー固定ボルトをはずすとワイヤーの通るミゾがある。このミゾに沿ってワイヤーを通すこと。（実際にはこのボルトをはずす必要はありません。）

106

間違えの例。
ワイヤーの通し方がおかしい。

104

このように通る。

107

105

ボルトとワイヤー固定板を取り付けて完成。

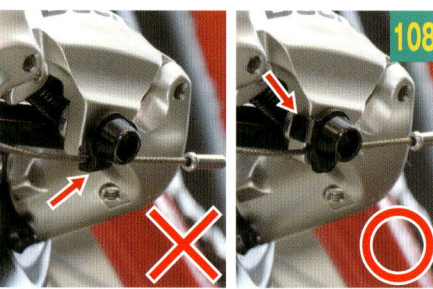

108

間違えの例その2。
ワイヤー固定板の角度が間違っている。

リアシフトワイヤーの固定位置（ローノーマル）

109

110

111

112

ローノーマルも同様に。トップノーマルになれていると、ローノーマルの固定法は面食らうかもしれない。取説や構造を良く見て間違えないように。

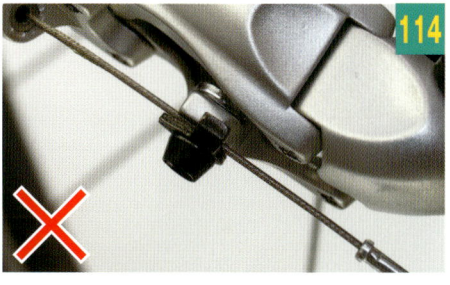

113

114

コラム
コーティングワイヤーについて

　各種コーティングされたインナーワイヤーも販売されています。抵抗が減ってレバーの引きが軽くなるというのが売りなのですが、このようなものに頼るより根本的なチューニングを理解し、継続してメンテナンスを実施した方がよほど効果的です。これが活躍するのはマッディーなコースを走るか、ずぼらでメンテナンスをしない場合くらいです。筆者は実家（房総）用のマシンにはコーティングタイプを使っています。房総は粘土質のコースも多く、コーティングされたインナーでないと後半にシフトの動きが悪くなるからです。

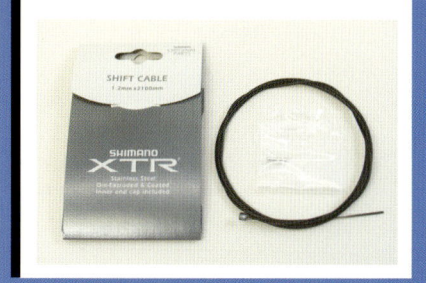

シフトワイヤー交換　**125**

消耗品のチェックと交換

ブレーキシュー交換

Navigation

1 はずす
20 取り付ける

作業時間 **20**分

補足説明ページ
ブレーキの効きが悪い　　P 48
ブレーキインナーワイヤー交換　P 88

KEY WORD
- まずはしっかりクリーニング
- フロントフォークやシートステーを利用して効率良く力をかける

使用工具
・HEXレンチ又は＋ドライバー　・プライヤー　・パーツクリーナー
・マイナスドライバー　・プラスティックハンマー

はずす

1 まずはブレーキ周辺をさっとクリーニング。ブレーキ周辺は泥やブレーキシューかすなどで汚れがち。急がば回れでまずはクリーニングから。

2 キャリパーを握れば・・・

3 インナーリードユニットが外れてキャリパーが開く。もしインナーリードユニットが外れない場合にはブレーキワイヤー固定ボルトを外すがワイヤーへのストレスを考えるとできるだけやらない方が良い。

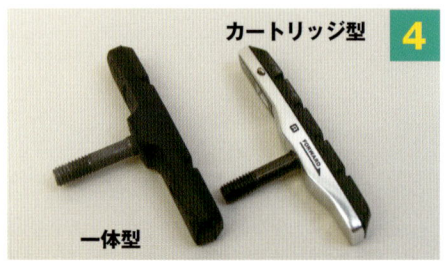

4 ブレーキシューは一体型かカートリッジ型か？
一体型 ▶ 5
カートリッジ型 ▶ 51

5 注意
ばらす前に部品構成がどうなっているかよくチェック。いったんシュー固定ナットを外すと各パーツがバラバラになってしまう。

6 シュー固定ナットの中は泥などが詰まっている場合が多い。HEXレンチを当てる前に綿棒などでクリーニングした方が良い場合もある。

7 シューを保持しながらナットを緩める。やりにくい様ならホイールを外すのも手だ。

8 ナットが外れそうになったら下に手を添えてやろう。シューやナットユニットがバラバラと落ちてくる。床に落とすと転がってしまう場合もある。このナットユニットの各パーツはそれぞれが機能を有しているので一つくらいなくなってもとはいかない。ご用心を。

9 再度シュー固定ナットユニットの構成や順番を観察して理解しておこう。各パーツとも汚れがひどいはずなのでしっかりとクリーニングすること。

10 ← 球体

RワッシャーA(矢印) 2つとブレーキキャリパーの厚みが重なると球体になる。これでブレーキシューの角度を自由にセッティングできるようになる。

ブレーキシュー交換　**127**

▶ブレーキシュー交換

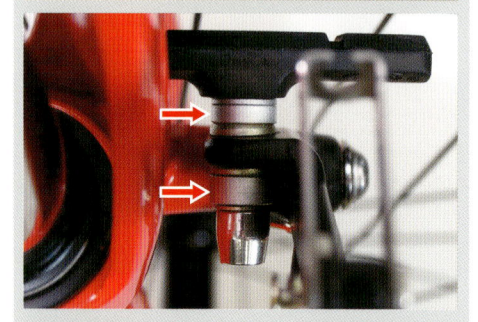

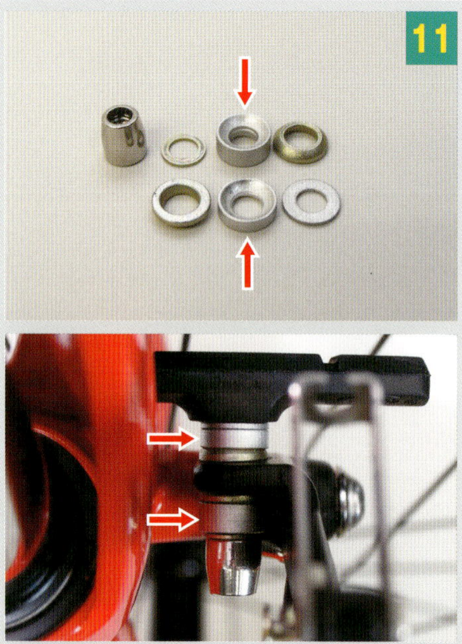

11

シュー固定ナットユニットの運用の仕方

シュー固定ナットユニットはケースバイケース **13**
で組み合わせを変える。適切な組み合わせを
行うにはその理屈から理解していないといけ
ない。

ブレーキ台座は一応の基準が
あるがどれもがぴったり同じ幅
で作られているわけではない。
また、高い精度で平行がとれて
いるわけでもない。
そのようなフレームでもブレー
キシューを適切にセッティング
するにはRワッシャーBの扱い
を理解する必要がある。

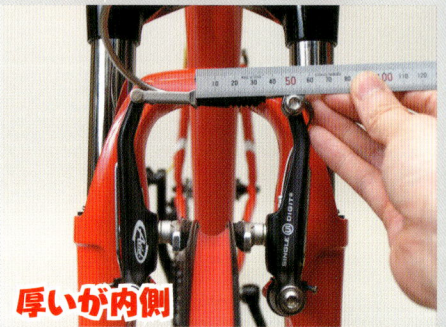

厚みの異なるRワッシャーBを入れ替えることによっ
て台座幅が多少異なってもセッティングできるよう
になっている。

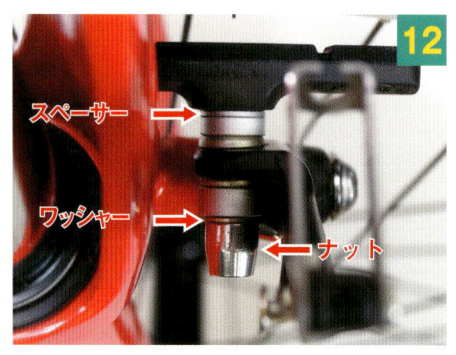

14

薄が内側

12

スペーサー
ワッシャー
ナット

厚いが内側

Rワッシャーを入れ替えてセッティングした例。上
はRワッシャーBの薄い方を内側にした場合。台座
間が狭い場合にはこのようにすると良い。
逆に台座間が広めの場合は厚い方を内側に持っ
てこなければいけない。

他のパーツの機能は以下の通り。
スペーサー：ブレーキシューのボルト長の調整。
ワッシャー：ナットの締め付けの際に回転を助けたり
　　　　　　応力を分散したりする。
ナット：全体を固定する。

15

基準はブレーキレバーを軽く握った時にこの幅が39mm（シマノの数値）以上である事。この場合34mmしかないのでNGなセッティングとなる。この幅が少なすぎると運用していくうちにブーツに干渉するなどして制動不能になる可能性がある。
結果的にこのマシンではRワッシャーBの厚い方を内側にセッティングするのが正解だ。

16

新しく付けるシューはぜひカートリッジタイプにしたい。カートリッジタイプならこれ以降のシュー交換も簡単だ。

17 Avid / シマノ

使用するシューに付いているボルトの長さもチェック。全くの同一品でなければ微妙に長さが異なる場合がある。
この場合はAvidのシューからシマノのシューに交換しようとしているわけだが並べてみるとシマノのシューの方が2mmていど短い。

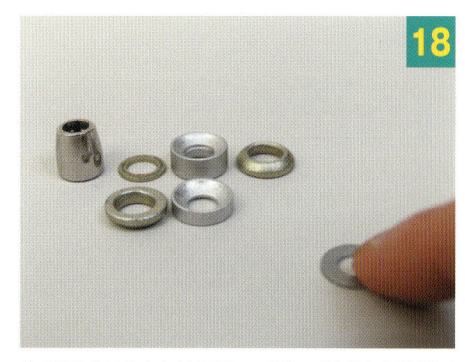

18

さてどうするのかと言えば・・・そういえば元の状態ではスペーサーが一枚有ったではないか！こいつを抜けばつじつまが合うわけですな。
と、このようにケースバイケースで対応するのも楽しいのですが考えるのが面倒だと思う方はすべて純正で同一型番の補修パーツを使ってください。

19

ブレーキキャリパー側を再度クリーニング。特にワッシャーとの接触面はきれいにしておく。

取り付け

20

シュー固定ナットユニットの運用が理解できたところで組んでいく。
まずはスペーサー抜きでRワッシャーBを入れていきます。オイオイさっきの説明と違って薄い方が入っているではないか！とお思いの皆さん。その通りです。間違っています、が気にしないで続けましょう。

ブレーキシュー交換 129

▶ ブレーキシュー交換

21 RワッシャーAを入れる。

22 こうすると両者の関係がよく分かる。

23 RワッシャーAを押さえながらキャリパーに付ける。

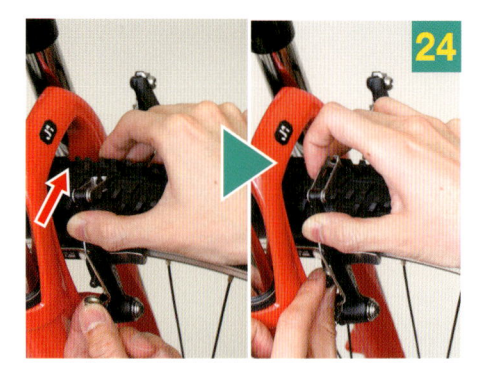

24 シューをリムに押し当てればシューを落とさずにもう一方を付けられる。

25 ワッシャーとナットの間にグリスを付ける。Rワッシャーどうしの間には付けないこと。造形を見ても分かる通りRワッシャーは梨地になっていて滑りにくいようになっている。一方ワッシャー周りはつるりとした整形だ。Rワッシャーは位置、角度を決めているので動かない方が良い。一方、ワッシャー＆ナットは回して固定するので回転させないといけない。このへんからも設計者の意図が見て取れる。

| インナーリードがはまらない | ▶ | 29 |
| インナーリードがはまった | ▶ | 30 |

26 バネが強くて作業しにくいときはシューを立てて取り付けるとやりやすい。

27 以前の状態 / シュー交換後
ナットの入り具合はどうだろう？？
17でも説明した通りボルトの長さも異なりスペーサーも抜いたのだから理屈に合っているはずだ。それでも組み立てた現物を確認しておく。ぴったり同じわけではないが問題ない範囲。

29 すり減ったシューが新品（相対的に厚くなった）ので今までのワイヤーの張りでは合わないはず。レバー側のケーブル調整ボルトを奥まで入れて調整可能なら実施。それでもダメならキャリパー側のケーブル固定ボルトをいったん緩めてインナーワイヤーの張りを微調整する事になる。そもそもブレーキシューが新品になった時にはケーブル調整ボルトはほぼ奥まで締め込んだ状態になるのが正しいワイヤーの張り。

28 左右とも仮止めができたらインナーリードを取り付ける。

30 ブレーキレバー握ってシューを動かないようにする。

ブレーキシュー交換　**131**

▶ブレーキシュー交換

31 借り止めしたナットを軽く緩める。

32 ブレーキレバーの握り加減でシューの固定、修正が自由にできるようになる。

33 タイヤの幅があるので確認は下からのぞき込まないと分からない。タイヤが外れている状態ならモアベターだ。

34 ブレーキレバー開 / ブレーキレバー閉
これで適当な状態。シューがリムのシュー当たり面にきれいに乗っている。もちろん上側からもチェックすること。

35 これでは下に行き過ぎ。リムのシュー当たり面より下にシューが来ている。このままでもとりあえずブレーキが効くがどんどんシューが変形してすり減っていくことになる。

36 良さそうなところでいったん仮止め。

132　ブレーキシュー交換

37

借り止めする時はブレーキレバーの握る強さを強める。そうでないとシューが回ってしまう。
どうしてもシューが回ってしまう場合はシュー固定ナットとワッシャーの間にグリスが入っているか確認、ボルトにも塗られていないとシューが回転しやすい。

38

ブレーキレバー開

✕ ブレーキレバー閉

これは高さが良くても角度が悪い例。

39

ナットを緩めて。

40

緩めたナットを持って角度を修正。もう一方の手はブレーキレバーを軽く握っていること。そうする事でシューとリムが平行になるとともにシューがずり落ちるのを防止する。

41

再度仮止めをする。ブレーキレバーを開閉して納得のいくまでチューニングする事。
この時何となく左右のバランスに違和感を覚えたらホイールがエンドにきちんと収まっているか確認した方が良い。
また、いくらチューニングしてもしっくり行かない場合はホイールに振れが出ていたり、ハブにガタがあるのかもしてない。延々同じ事を繰り返すより一つ一つ確認していった方が良いだろう。

トーインを付けいたい場合 ▶	42
トーイン無しでこのまま本締めしたい場合 ▶	50

ブレーキシュー交換　133

▶ ブレーキシュー交換

トーインの付け方

トーインは一般的に音なり対策として認識されているがブレーキタッチのチューニングにも有効だ。トーイン角度が大きめなほどまったりとした効きになる。
さらに精度の悪いブレーキキャリパーのガタ対策にも使えるのでぜひ覚えておきたいテクニック。ちなみに筆者は自身のマシンにはトーインを基本的に付けない。音なりなどまったく気にしないおおざっぱな性格の持ち主な事とトーインを付ければブレーキシューがやや斜めにすり減っていく事。平行にシューが着いた方がブレーキシステムとしてより理にかなっているという考え方からだが皆さんはどう考えるだろう??

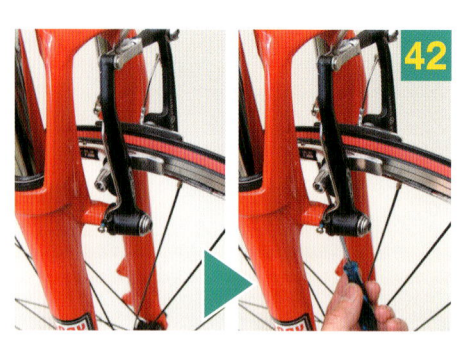

ナットを緩める。この時点ですでにシューに角度が付いたのが分かる。

隙間を作りたい側に細いマイナスドライバーを差し込む。必ずしもドライバーである必要はない。楊枝などでも有効だ。

ブレーキレバーを握ってドライバーを固定する。

この時点でナットをゆすっておくとシュー固定ナットユニットのそれぞれのパーツが落ち着く。もちろんブレーキレバーは握ったままだ。

134　ブレーキシュー交換

46 ナットを締める。この時ブレーキレバーをぎゅっと握ってシューが動かないようにする事。

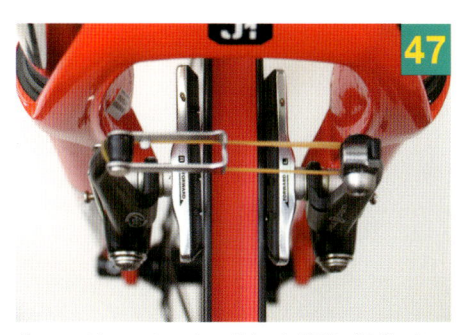

47 向かって左のみトーインが付いた状態。通常これでは角度を付け過ぎだが低価格品のバイクにはこの位やらないと音なりが消えない場合もある。乗車ポジションから見るとハの字に見える。

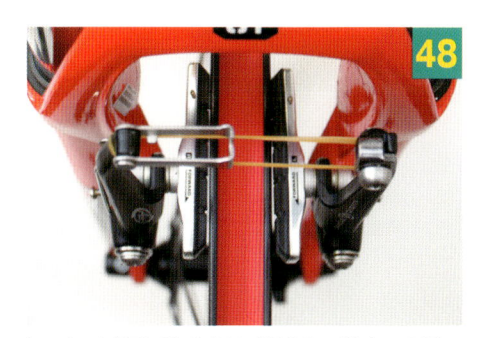

48 トーインを付けても音なりが消えない場合には逆に角度を付けると有効な場合がある。こちらは逆ハの字にチューニングすると表現されている。

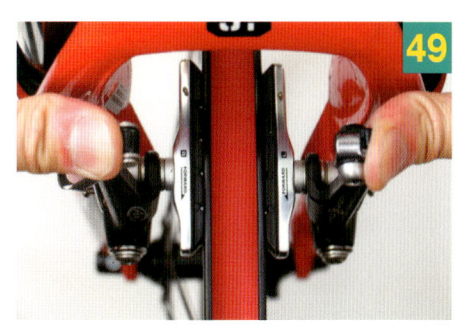

49 角度はどのくらい付ければ良いかは実際に走ってみないと分からない。
一応の目安としてキャリパーを両方から押さえつけた時に隙間が無くなってシューとリムが平行になる角度が適当な場合が多い。

本締めの仕方

50 **OK 完了**

本締めの際にはブレーキレバーをぎゅっと握ってからHEXレンチを締めていく事。レバーの握りが半端だとブレーキシューが回ってしまう場合がある。そのときはやり直す事になるが、多少回転した程度ならブレーキレバーを離してHEXレンチを戻すだけでリカバリーできる可能性がある。

ブレーキシュー交換　**135**

▶ ブレーキシュー交換

カートリッジタイプ

51

まずはホイールを抜いてしまおう。この方が作業しやすい。

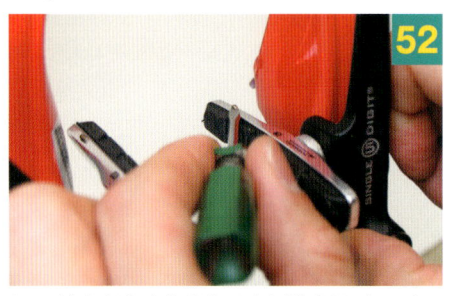

52

シュー抜止めピンを抜くがこのままだとやりにくい。カートリッジにも傷がついてしまう。

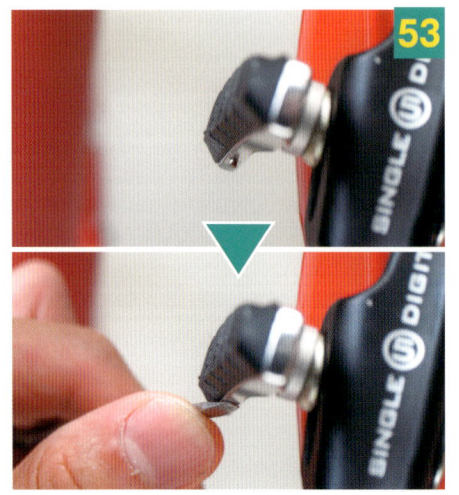

53

下にはみ出たピンの先端をマイナスドライバーで押してやる。

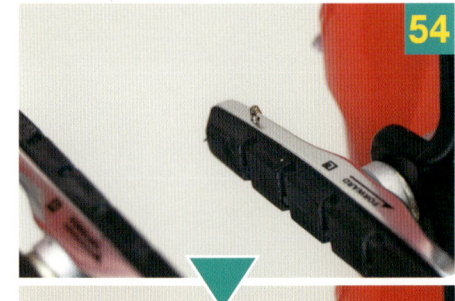

54

押し出されたピンなら抜くのも容易だ。マイナスドライバーでこじって抜く。できるだけカートリッジに傷がつかないように。

55

ピンの単体販売は無いようなのでシューを交換する時には古い分をストックしておくといいだろう。何かの拍子に無くした時に安心だ。

56

カートリッジタイプのシューはリムの進行方向と逆に押してやれば外れる。ドライバーをこのように使えば押し出すのも簡単。

57

外れたらミゾ部分をしっかりクリーニング。少しでもゴミが入っていると後で苦労させられる。

58

新しいシューを入れる。シューとカートリッジの適合が間違っていないかも確認しよう。きつめに感じる時はパーツクリーナーや水等で滑りを良くしてやること。方向を確認してサッと入れる。

59

入らない場合はこのような構えで力を入れてみる。まっすぐ力を入れないとシューが折れてしまうので要注意。あまりに力が必要で危険を感じたらいったんシューを外して各部にバリや汚れなどが無いか確認すること。あればもちろん排除する。
シューとカートリッジの適合が間違っていないかも確認しよう。

60

ピンを差し込む。途中まではスッと入るはず。入らない場合はシューが最後まで入りきっていないかもしれないので再確認。

61

OK 完了

ピンを最後まで押し込む。筆者はよくこのようにドライバーの柄を利用しているが最後まで入ればどのような方法でもかまわない。

ブレーキシュー交換　**137**

消耗品のチェックと交換

グリップ交換

Navigation

1 はずす
2 グリップのタイプは
3 ボルトで固定
5 一体型
18 ワイヤーリング

作業時間 **20**分

KEY WORD
- 簡単に済ますならボルトタイプを
- 一体型はパーツクリーナーを使いこなす

使用工具
・マイナスドライバー小
・カッター
・HEXレンチ
・パーツクリーナー

はずす

1

まずエンドキャップがある物は、はずしてしまおう。

グリップのタイプは

2

ボルトで固定　NEXT **3**

一体型　NEXT **5**

ボルトで固定

3

ボルトを緩める。イモネジを使用しているので扱いは慎重に。レンチの当たり面を崩したりしたらリカバリーは厄介だ。穴を掃除したり安物のレンチは控えたりして確実に外せるようにしよう。

4

ボルトを緩めればすんなり外れる。外れない場合は他にボルトがないか確認すること。

一体型

グリップを再利用しないならカッターで切ってしまうのも良いだろう。力を入れる方向を考えてケガの無いように。

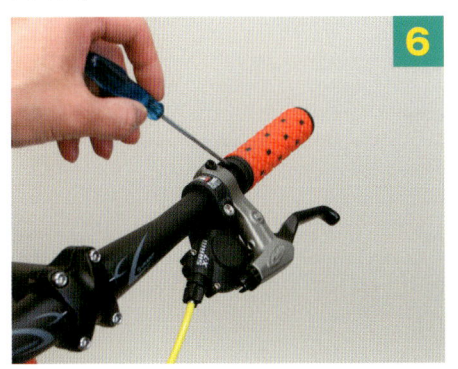

細いマイナスドライバーを差し込んで隙間を作りパーツクリーナーを吹き入れるのだがこの状態では入れにくい。

ブレーキレバー、シフトレバーとも内側にずらしてやろう。ライトやメーターが邪魔な場合はそれを外してしまうこと。急がば回れで確実な作業をしよう。

これでドライバーを差し込めるようになった。グリップを傷つけないようにできるだけ奥まで差し込む。

パーツクリーナーを吹き入れる。吹き過ぎても垂れるだけなので一瞬吹けば良いはずだ。パーツクリーナーは速乾性より中乾性のほうが乾きが遅くて作業しやすい。

▶グリップ交換

10 パーツクリーナーが乾かないうちにさっさとグリップを抜く。

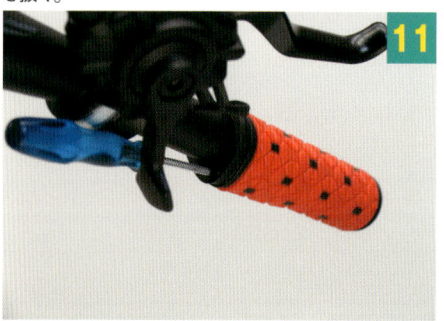

11 抜けない時には反対側からもドライバーを刺してパーツクリーナーを吹いてやろう。

取り付け

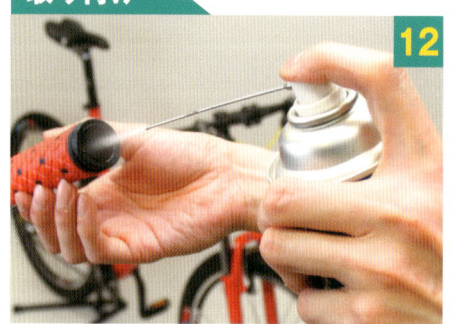

12 グリップ内部にパーツクリーナーを吹く。

13 パーツクリーナーが乾かないうちにサッとグリップをはめる。

14 必殺技!!　腰辺りでハンドルバーを固定すると力を入れやすい。

15 NG / OK 完了

15 途中まで入って止まってしまった場合はいったん引き抜く。

ワイヤーリング

固くてとれない時は再度マイナスドライバー＆パーツクリーナーを使うこと。

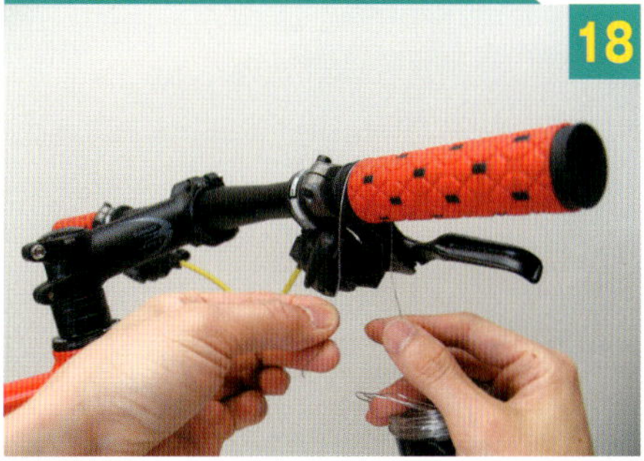

グリップの端をワイヤーで締め付けておくとグリップを確実に固定できるとともに雨水の浸入を防ぐのにも有効だ。雨天のレースでのアクシデントなどを考えるともっと普及しても良いテクニックだろう。

専用のワイヤーをグリップ端に巻き付ける。一回転でも良いという意見も有るが筆者は何となく2回転の方が良いような気がしていつもこうしている。

完　了

最後まできちんと入ったか、よじれた所は無いか確認する。再修正するにはまたパーツクリーナーを吹かなければいけなくなる可能性があるのでグリップをはめたと同時に諸々の修正をするように心がけよう。

ワイヤーをカットする。よじって固定するので多少シロをとる。

グリップ交換　141

▶ グリップ交換

21 よじって固定する。はじめは手でその後プライヤーなどで引きながら回す事。

22 専用工具ワイヤーツイスターを使うと作業が容易になる。
まずは適当な所をくわえて…

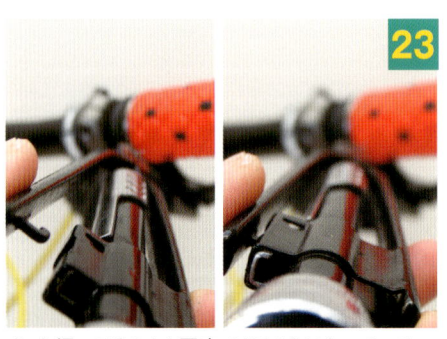

23 ぐっと握ってそのまま固定できるようになっている。

24 この体勢から…

25 ダイヤル部を引くとワイヤーを引っ張りながら均一にひねる事ができる。

26 拡大するとこの通り。

27 ロックを外す。

28 よじったワイヤーを適当な長さにカット。

29 そのワイヤーを曲げてグリップに突き刺す。

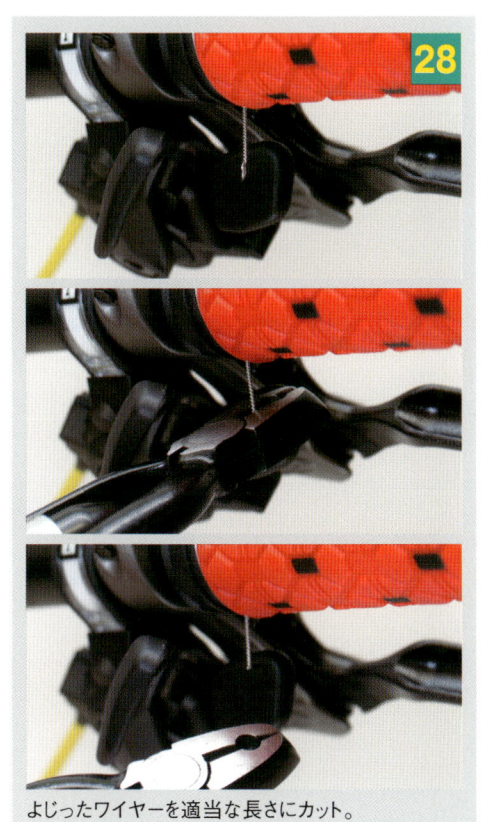

30 これで端末処理はOK!いいかげんにやっていると指を刺したりするのできっちり処理しよう。

31 完了
これで完成。程よくグリップが締め付けられて固定力を増すとともに水の侵入を防ぐことができる。

グリップ交換　143

消耗品のチェックと交換

チェーン交換

Navigation

チェーン交換
- 1 はずす
- 15 取り付け
- 10 計測
- 30 接合部のチューニング

作業時間 15分

補足説明ページ
- チェーンのチェック方法　P16
- チェーンリング交換　P152
- スプロケット交換　P156

KEY WORD
- ●長さ測定は必ず実施
- ●アンプルピンの押し込み具合がキモ
- ●接合部の動きは他のリンクと同等に

使用工具
チェーンカッター

はずす

1 床が汚れることが予想されるので、あらかじめ新聞紙を敷いておくのがモアベター。

2 まずはインナートップにシフトチェンジし、その後クランクを逆回しにしながらチェーンをBBよりに落としてチェーンをたるませる。

3 アンプルピン以外の場所でカッティングを行う。段数に応じてチェーンカッターにも適応する、しないがあるので要チェック。

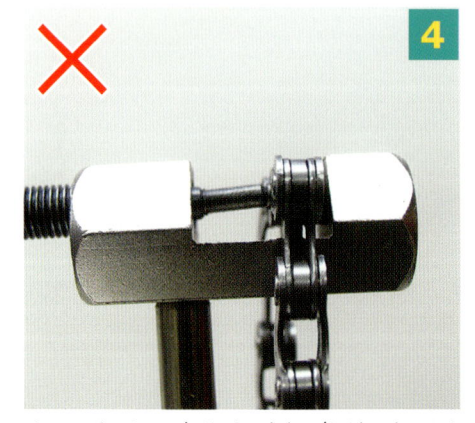

4 チェーンカッターの矢は、まっすぐに当てないとこのように歪んでしまう。カッターの矢が折れたら、矢だけでも販売されている。

144　チェーン交換

5

チェーンカッターのハンドルを時計方向に回して行く。
時々抵抗があるが気にせず進める。

6

抜ききったピンは再利用は出来ないので破棄。
ハンドルを緩めればチェーンがはずれる

7

チェーンは手で触ると汚れるのでペンチなどを有効
利用しよう。

8

9

チェーンをはずしたタイミングは、前後ディレーラーを
クリーニングする良い機会。プーリーのチェックもこ
のタイミングで行うとよい。その他、各パーツのヘタ
リ具合やチェーンリング、チェーンステーのクリーニン
グなど出来そうな事を実施しよう。

チェーン交換　**145**

▶チェーン交換

シマノ式　計測

10

取り付け前にチェーンの長さを調整。まずはシマノの取説にあるやり方。前後とも一番大きなギアにチェーンを掛けてピンと張り、その長さに+2リンクで切る。

11

これで2リンク。ピンと張って微妙なところだったら長めになるようにセッティング。

12

歯からチェーンが落ちかけているのに気が付かないまま計測してしまう事がある。

カンパ式　計測

13

カンパは現行ではMTBコンポを販売していないがチェーンの長さの決定方法は応用できる。

チェーンを前後ディレーラーとも通してスプロケ、チェーンリングとも最小ギアに入れ、チェーンがぎりぎり張る長さにする。

キャパシティーさえ守っていれば多少いいかげんでも問題なく運用できる。

気をつけなければ行けないのはリアディレーラーをミドルゲージを付けてぎりぎりの長さにするとキャパシティーを超えてしまう場合がある。

またチェーンリングをアウターだけ大きくしたりしてもトラブルの元になる。

14

新品のチェーンは長めに作ってあるのでほとんどのマシンで2から6リンクほどチェーンをカットするはず。（写真は6リンク）

取り付け

15 不要なチェーンを切ったらいよいよ通していく。チェーンを通すのはリアディレーラーからを薦めている。まずリアディレーラーのこの部分を通していくが、チェーンはアウタープレートから入れていく。
アウタープレートから通していくのはチェーンの接合の時の方向を合わせるため。

16 次のチェックポイントはリアディレーラーのこの部分。この突起の内側を通す。

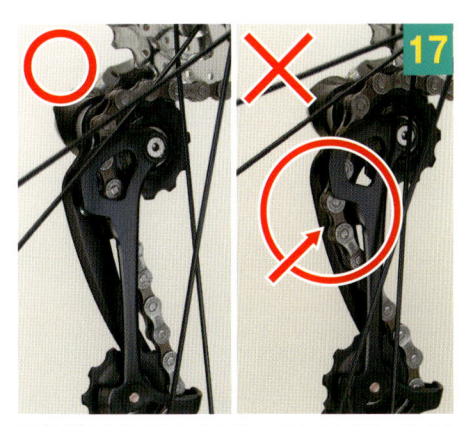

17 反対側から見るとこのように。これでも走れてしまうのでコワイ。

18 リアホイールを手でビュッと回せばチェーンがツーっと入っていく。

19 そのままフロントディレーラーに通そう。

チェーン交換　147

▶ チェーン交換

20 先頭がチェーンリングに乗ったらクランクを回していく。

21 インナーギアに乗っているチェーンをフレーム側に落とす。

22 チェーンの流れる方向
チェーンをつなぐ時の向きは決っている。

23 チェーンの流れる方向
アンプルピンを差し込む。

24 チェーンカッターでアンプルピンを押し込む。チェーンがきちんとチェーンカッターに収まっていないとピンがまっすぐ入らないので注意しながら。はじめはゆっくりと。

25 固定を確実にするため、ピンには段が付いている。圧入中にもカッターに手ごたえがあるがまっすぐ入っているなら気にせず進める。となりのピンと同じ位まで押し込んだらチェーンカッターを取り外す。

26 ピンのツラ位置に問題が無いか確認する。

27 ❌ ピンの押しが足りないままだとこのようになってしまう。

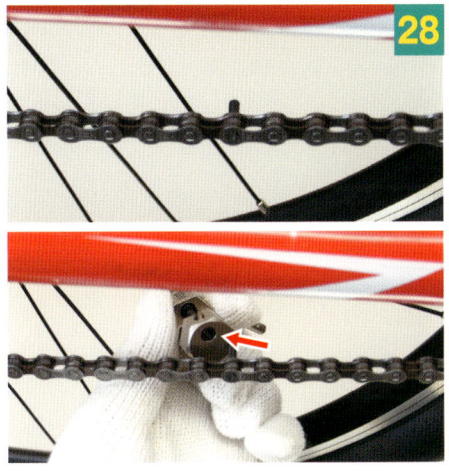

28 余ったピンはチェーンカッターの裏側にはめ込んで…。

29 水平方向にひねって折る。もちろんプライヤーなどを使用してもかまわない。

チェーン交換　**149**

▶チェーン交換

接合部のチューニング

30 動きが悪いようなら、アンプルピンを握ってこじる。結構力を入れても平気なので、グイグイ行こう。指の力だけでは力不足だ！

31 こじってだめなら再度チェーンカッターを取り付けて、少し押してみる。当たり前だが押し過ぎるとピンが入ってしまうので微妙な力加減が要求される。

32 行き過ぎたようなら反対側から押すのもアリ。

33 良ければリアディレーラーを押さえながらチェーンをインナーギアに乗せて完了！

完了

150　チェーン交換

コラム チェーン交換時のトラブルあれこれ

チェーンの長さの調整の際にチェーンカッターをきちんとはめずにリンクを傷めてしまう場合がある。信頼性を考えるとこのリンクは使うべきではないだろう。

一見動きに問題が無くてもアンプルピンの納まりは実に微妙。この写真では押し込みが若干足りない。隣のピンと比較してみよう。

8S 9S 10S

アンプルピンにも種類が多数あるので付属品以外を使う場合は良く確認すること。もちろんシマノ、カンパ間に互換性はない。

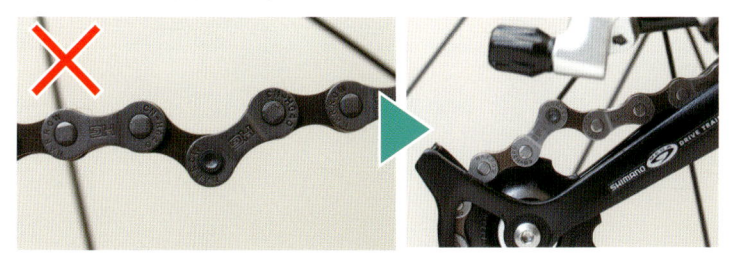

動きが悪いまま運用しようとしても、リアディレーラーから異音がするのでわかるはず。

コラム 151

消耗品のチェックと交換

チェーンリング交換

Navigation

1 はずす
10 取り付ける

作業時間
10分

補足説明ページ
フロントディレーラーの
チェックとチューニング　P 40
チェーン交換　P 144

KEY WORD
●歯で手を切らない
●クランクの固定がキモ

使用工具
・HEXレンチ
・ペグスパナ

はずす

1

インナートップに変速後、チェーンをBB側に落として
チェーンをチェーンリングと干渉しないようにする。

2

まずはHEXレンチだけで緩めてみる。片手でペダル
をしっかり保持して作業すること。

3

高トルクで締め付けられている場合には、このように
延長パイプを噛ませた方が良い。高いトルクがかけ
られるとともに、チェーンリングの歯から手が離れて
怪我の防止になる。

4

ナットが回ってしまってHEXレンチだけでは緩まない
時には、ペグスパナを使う。片手でクランクを押さえる
ことが出来なくなるので…

152　チェーンリング交換

5

左クランクをトーストラップで固定。作業環境を整える。チェーンリングで手を切るのは自転車いじりでの怪我の一番の原因では無いだろうか？油断大敵である。

6

こうすればクランクが不用意に回ったりしないので、安心して作業できる。

7

少し緩めばあとはスルスルと取れるのでレンチを持ち変えて効率良く。

8

アウター

ミドル

ボルトナットが取れても固くはまったチェーンリングは外れない時がある。無理に力を入れると手を切ったりするので、プラハンで軽く叩いてやろう。

9

ミドルギアはクランクを外さないと交換できない物もある。インナーはもちろん要クランク分解だ。

チェーンリング交換　**153**

▶チェーンリング交換

取り付け

10 クランクが外れている状態での作業はペダルを踏むのをお勧めしたい。とにかく安定させる事が肝心。

11 インナー用のギア固定ボルトは砂などが詰まっている可能性大。HEXレンチを差し込む前にクリーニングをしてから。

12 チェーンリングがすべて取れたところでぜひともクリーニングをしよう。きれいになるのはもちろん、クラックなどの異常がないかも確認。

13 新しいギアを取り付ける際は向きや位置を確認してから取り付ける。この場合は出っ張りのある部分をクランクに沿わせるように取り付ける。

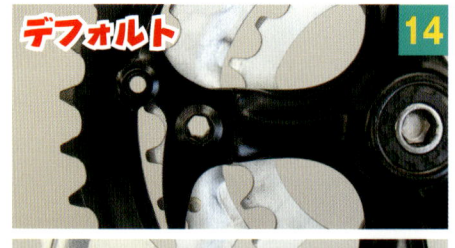

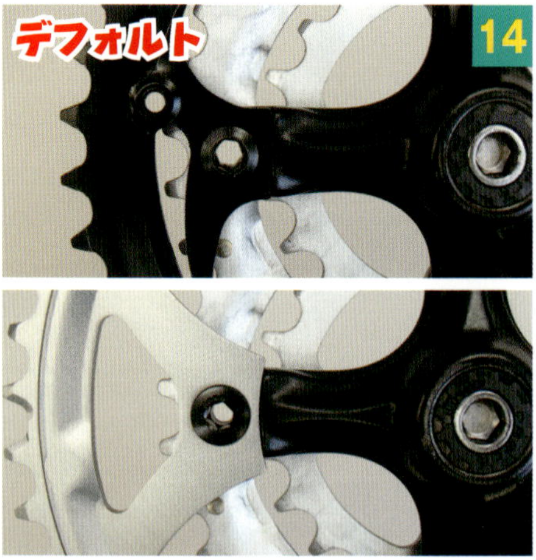

14 デフォルト
チェーンリングを交換する際には出来るだけアームと幅や高さが合う物を付けよう。合っていなくても実用上大きな問題は無いが何ともかっこわるい。

15 クランク位置とチェーンリングの指定位置が合っているかをチェック！

16 ササッと仮締めしたら…

17 ペグスパナでナットの角度を揃えてやると通な感じになる。

18 本締めは5アームなら星形に。4アームなら写真のように対角を交互に数回に分けて締めていく。

19 力を入れる際には、万一レンチがはずれてもチェーンリングの方向に手が行かないように気を付けること。このような手つきだと危険だ。

20 このような手つきで作業すれば、不用意にレンチがはずれてもけがをしないで済むだろう。
延長パイプを噛ませれば、さらに安全。

21 最後に確認。チェーンをのせないまま、クランクを回転させてチェーンリングに歪みが無いか、ボルトナット間に異物が噛んで無いかも確認。
リアディレーラーを前方にもっていき、チェーンをインナーに乗せれば作業完了。

チェーンリング交換 **155**

消耗品のチェックと交換

スプロケット交換

Navigation
1 はずす
11 取り付け

作業時間 **10**分

補足説明ページ
チェーンのチェック方法　P 16
リアハブ　P 66
チェーン交換　P 144

KEY WORD ●ロックリングは高トルクで

使用工具
・スプロケット戻し工具　・モンキーレンチ
・ロッキング戻し工具

はずす

1 クイックシャフトを抜いて中空シャフトおよびロックリング内側をクリーニング。

2 スプロケット戻し工具を取り付ける。どの段でもかまわないが、ローに掛けた方がこの工具とスポークを一緒に握る時にやりやすい。

3 ロックリング戻し工具を取り付ける。モンキーを使用しても回せるが、出来たらメガネレンチを使用したいところ。シマノ純正なら24mmが、パークなら同社から専用スパナが発売されている。

4 体勢はこのように。ハブシャフトを中心に左右のこぶしが水平になる時が一番力を入れやすい。

156　スプロケット交換

5 腰を入れて作業すること。

6 膝をついて姿勢を安定させるのもGood。

7 へっぴり腰だと不意に工具が外れたりすると前につんのめってケガをする。

8 タイヤの空気圧が低くても作業がやりにくい。急がば回れで圧を上げてから作業をしよう。

9 ロックリングがはずれればスプロケットがすべて抜ける。

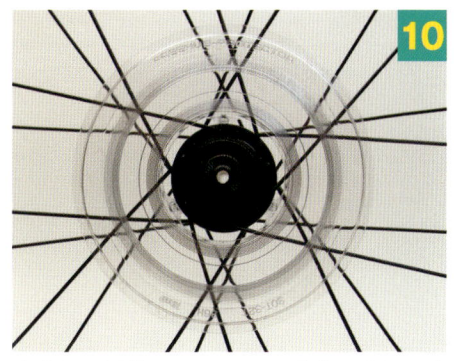

10 完成車によく付いているフリーハブプロテクター。実際にはスポーク＆リアメカプロテクターと呼んだ方が良いような。経年変化で割れてくるのでさっさとはずしてしまうのを勧めているが判断は各人におまかせしたい。

スプロケット交換　**157**

▶ スプロケット交換

取り付け

11 フリー部分はパーツクリーナーを軽く吹いて、古い歯ブラシ等でクリーニングをしておく。

12 スプロケットとフリーの形状を合わせてはめていく。スペーサーを入れる順番を間違えないように。

13 ロックリングのスレッドにグリスを付けてから取り付ける。ロックリング戻し工具で回すとやりやすい。

14 本締する前に、間違いが無いか再度チェック。この写真では3rdと2ndギアが逆になっている。アブナイアブナイ。

15 本締めの時にはスプロケット戻し工具は不要。右手でホイル外周を、左手でスパナを持って水平位置でしっかり締め込むこと。ガリガリ音がするが正常。

ローギアを大きくした場合の注意点

- ディレーラーのキャパシティーを超えていないか確認すること。
- チェーンの長さはローギアの歯数が増えた分追加しなくてはいけない可能性がある。
- ローギアとガイドプーリーが干渉する可能性が高いのでBテンションボルトを調整（締める）する。

ローギアを小さくした場合の注意点

- チェーンの長さはローギアの歯数が減った分つめなければいけない可能性がある。
- ローギアとガイドプーリーの間隔が開いてしまうので、Bテンションボルトを調整（緩める）する。

コラム / MTBにロード用のスプロケを使う場合の注意

　MTBにロード用のスプロケを使う際には各規格以外にも注意すべき点が有る。

　もともとロード用とMTB用ではスプロケットの構成が異なる。ロード用はクロスレシオであり、MTB用はワイドに出来ている。スプロケット交換時にオンロードでしか使わないMTBやクロスバイクにはロード用のスプロケットを使う事を推奨している。これはオンロードだけで運用するマシンならある程度クロスレシオな方が使いやすいからだ。しかし、元々ワイドレシオなスプロケットを使う事を前提に設計されているMTB用リアディレーラーはスラント角が約45°程度に作られている。一方、ロード用のディレーラーは約30°程度に出来ているのだ。当然の事ながらロード用のディレーラーでMTB用のスプロケットは使えない。一方、MTB用のディレーラーでロード用のスプロケットは使用可だ。これは各キャパシティーを調べても問題ない。しかし、スラント角が適切ではないのだから問題も有る。

　今一度ロード用のスプロケとMTB用のスプロケの違いを考えてみよう。トップはどちらも最小11Tという考えでいいだろう。問題はロー側だ。現行では多くがロード用27T、MTB用は34Tが最大のローギアだからかなり大きさが異なる。つまりMTBにロード用のスプロケを付けるとロー寄りでスプロケットとプーリーの間が空きすぎて変速性能が低下する事になるのだ。

　ではどうしたら良いのだろう??最も良いのはリアディレーラーをロードトリプル用に変えてしまう事だ。フロントがシングル、もしくはダブルで運用するならキャパシティーに問題がなければショートゲージでもいける。

　このようにスプロケットとリアディレーラーの相性を合わせておくと本来そのパーツが持っているパフォーマンスをフルに生かす事ができるのだ。

1
MTBにロード用スプロケを付けた例。

2
ローのスプロケとガイドプーリーの間がどうしても空いてしまう。

3
せめてBテンションボルトは目一杯緩めておこう。

Cycle Maintenance series
MTB・クロスバイク
トラブルシューティング

おわりに

　いかがだったでしょうか？今回も筆者としては出せる物はすべて出し切った感が有るのですがご満足いただけれたでしょうか!?ロードではシマノ、カンパの2強を語ればおおむね事が済むのですがMTBはそうも行かず特にシフトインナーワイヤーの交換には悩みました。結局例をいくつか取り上げて解説する事になりました。今後もヘンテコなメカが出てくるでしょうから応用力を着けて対処してきましょう。

　筆者は東京のど真ん中、都庁のすぐ横で店を開いていますがMTB＆クロスバイクの修理案件には掃除不行き届きが原因の場合が多数あります。特にトランスミッションがひどいのですがこれに関しては当社制作のDVD「日常メンテのABC」をぜひご活用ください。きっとお役に立ちます。都心にお住まいでしたらなるしまフレンドさんに、それ以外の方はサイクルベースアサヒさんでネット通販しています。

　MTB＆クロスバイクには今回取り上げていないディスクブレーキがありますがこれに関しては別の機会にじっくり取り上げますのでどうぞお楽しみに。

サイクルメンテナンスシリーズ2	
書　名	MTB・クロスバイクトラブルシューティング
発　行	2006年　9月28日　初版第1版発行 2017年　7月31日　　　第4版発行
著　者	飯倉　清
発行者	小森　順子
発行所	圭文社 〒112-0014　東京都文京区関口1-8-6-902 TEL:03-6265-0512　FAX:03-6265-0612
印　刷	恵友印刷株式会社

写真	飯倉　清
編集	小森　秀人
アートディレクション・デザイン	ハシモト一光
表紙イラスト	ふかざわ愛美

ISBN978-4-87446-063-4　C0075

©Kiyoshi Iikura 2006